水利工程管理与水文水资源利用

杨成刚　胡淑云　朱爱华　著

中国商业出版社

图书在版编目（CIP）数据

水利工程管理与水文水资源利用 / 杨成刚, 胡淑云,
朱爱华著. -- 北京 : 中国商业出版社, 2023.12
ISBN 978-7-5208-2804-8

Ⅰ. ①水… Ⅱ. ①杨… ②胡… ③朱… Ⅲ. ①水利工程管理—研究②水资源利用—研究 Ⅳ. ①TV6
②TV213.9

中国国家版本馆CIP数据核字(2023)第246811号

责任编辑：吴　倩

中国商业出版社出版发行
（www.zgsycb.com　100053　北京广安门内报国寺1号）
总编室：010-63180647　编辑室：010-83128926
发行部：010-83120835/8286
新华书店经销
天津和萱印刷有限公司印刷
*
787毫米 × 1092毫米　16开　14印张　280 千字
2023 年 12 月第 1 版　2023 年 12 月第 1 次印刷
定价：68. 00 元
* * * *
（如有印装质量问题可更换）

前言

水资源是维持人类生存和促进社会发展的重要物质基础，水资源的开发利用，是人类改造自然、利用自然的一个重要方面。随着经济的发展，水资源短缺以及污染现象日益严重，因此，加强对水资源的合理开发以及可持续利用显得尤为重要。与此同时，经济与科学技术的发展，也使水利事业在国民经济中的命脉和基础产业地位愈加突出；水利工程建设水平的提高更是进一步促进了水能水电的开发利用，对保护生态环境，促进我国经济发展具有举足轻重的重大意义。

水利工程项目具有投资大、周期长、环境复杂、影响因素多等特点，这对水利工程项目管理提出了新的更高的要求。水利工程因其功能、规模、类型、要求等的不同而在其项目管理上存在较大的差异，因此，项目管理需要采用科学、有针对性的管理理论与方法。水利工程项目管理作为水利工程新型的生产组织方式，既是社会主义市场经济体制改革的产物，又是水利工程建设体制改革的客观要求。我国水利工程所取得的建设成就标志着中国水利工程建设技术与项目管理已经达到世界先进水平，深化与国际接轨，形成了较为完善的水利工程项目建设与管理体系。

本书由杨成刚（沂水县水利工程保障中心）、胡淑云（唐山市市区河道监管中心）、朱爱华（山东省海河淮河小清河流域水利管理服务中心）共同撰写，同时感谢万岳（江河安澜工程咨询有限公司）、方旭东（江河安澜工程咨询有限公司）为本书撰写提供的帮助。

本书是水利工程管理方向的专著，首先对水利工程管理基础做了简单的介绍；其次对水利工程招投标管理、水利工程施工合同管理、水利工程基础设施管理、水利工程施工质量与进度管理、水利工程施工企业安全管理、水利工程施工项目现场安全管理进行了分析研究，对水利工程管理现代化评价进行了探讨；最后对水资源管理、水资源保护提出了建议。水利工程是研究水利工程建设的施工技术、施工组织与施工管理的学科。水是人类及万物赖以生存的最基本的条件之一，同时也是洁净的、可再生的能源。因此，我们要开发好、利用好和保护好自己的水资源。

作　者

2023年12月

目　录

第一章　水利工程管理基础

第一节　基本建设的概念与程序

一、基本建设的概念

（一）基本建设的内涵

基本建设是国家为了扩大再生产，进行的增加固定资产的建设工作。基本建设是发展社会生产、增强国民经济实力的物质基础，是改善提高人民群众物质生活水平和文化水平的重要手段，是实现社会扩大再生产的必要条件。

基本建设是指国民经济各部门利用国家预算拨款、自筹资金、国内外基本建设贷款以及其他专项基金而进行的以扩大生产能力或增加工程效益为主要目的的新建、扩建、改建、技术改造、更新和恢复工程及其有关工作，如建造工厂、矿山、铁路、港口、电站、水库、学校、医院、商店、住宅和购置机器设备、车辆、船舶等活动以及与之紧密相连的征用土地、房屋拆迁、移民安置、勘测设计、人员培训等工作。

基本建设是固定资产的建设，即建筑、安装和购置固定资产的活动及其与之相关的工作，是通过对建筑产品的施工、拆迁或整修等活动形成固定资产的经济过程，是以建筑产品为过程的产出物。基本建设需要消耗大量的劳动力、建筑材料、施工机械设备及资金，而且还需要多个具有独立责任的单位共同参与，需要对时间和资源进行合理有效的安排，是一个复杂的系统工程。

在基本建设活动中，以建筑安装工程为主体的工程建设是实现基本建设的关键。

（二）基本建设的主要内容

基本建设包括以下几方面工作。

1. 建筑安装工程

建筑安装工程是基本建设的重要组成部分，是通过勘测、设计、施工等生产活动创造建筑产品的过程。本部分工作包括建筑工程和设备安装工程两个部分。建筑工程包括各种建筑物和房屋的修建、金属结构的安装、安装设备的基础建造等工作。设备安装工程包括生产、动力、起重、运输、输配电等需要安装的各种机电设备的装配、安装试车等工作。

2. 设备及工器具的购置

设备及工器具的购置是建设单位为建设项目需要向制造业采购或自制达到标准（使用年限一年以上和单件价值在规定限额以上）的机电设备、工具、器具等的购置工作。

3. 其他基本建设工作

其他基本建设工作指不属于上述两项的基本建设工作，如勘测、设计、科学试验、淹没及迁移赔偿、水库清理、施工队伍转移、生产准备等工作。

（三）基本建设工程项目的分类

基本建设工程项目（以下简称建设项目）一般是指具有一个计划任务书和按照一个总体设计进行施工，由一个或几个单项工程组成，经济上实行统一核算，行政上有独立组织形式的工程建设实体。在工业建设中，一般是以一个企业或联合企业为建设项目，如独立的工厂、矿山、水库、水电站、港口、引水工程、医院、学校等。

企业、事业单位按照规定用基本建设投资单纯购置设备、工具、器具，如车、船、飞机、勘探设备、施工机械等，虽然属于基本建设范围，但不作为基本建设项目。凡属于一个总体设计中的主体工程和相应的附属配套工程、综合利用工程、环境保护工程、供水供电工程以及水库的干渠配套工程等，只作为一个建设项目。

建设项目可以按不同标准进行分类，常见的有以下几种分类方法。

1. 按性质划分

建设项目按其建设性质不同，可划分成基本建设项目和更新改造项目两大类。一个建设项目只有一种性质，在项目按总体设计全部建成之前，其建设性质是始终不变的。

（1）基本建设项目。基本建设项目是投资建设用于进行以扩大生产能力或增加工程效益为主要目的的新建、扩建工程及有关工作。具体见表1–1。

表1–1　基本建设项目

名　称	内　容
新建项目	以技术、经济和社会发展为目的，从无到有的建设项目。即原来没有，现在新开始建设的项目。有的建设项目并非从无到有，但其原有基础薄弱，经过扩大建设规模，新增加的固定资产价值超过原有固定资产价值的三倍以上，也可称为新建项目
扩建项目	企业为扩大生产能力或新增效益而增建的生产车间或工程项目，以及事业和行政单位增建业务用房等
恢复项目	企业、事业和行政单位，因自然灾害或战争，使原有固定资产遭受全部或部分报废，需要进行投资重建来恢复生产能力和业务工作条件、生活福利设施等的建设项目
迁建项目	企业、事业单位，由于改变生产布局或环境保护和安全生产以及其他特别需要，迁往外地的建设

（2）更新改造项目。更新改造项目是指建设资金用于对企业、事业单位原有设施进行技术改造或固定资产更新，以及相应配套的辅助性生产、生活福利等工程和有关工作。更新改造项目包括挖潜工程、节能工程、安全工程、环境工程。更新改造措施应按照专款专用、少搞土建、不搞外延原则进行。

更新改造项目以提高原有企业劳动生产率，改进产品质量，或改变产品方向为目的，而对原有设备或工程进行改造的项目。有的为了提高综合生产能力，增加一些附属或辅助车间和非生产性工程，也属于改建项目。

2.按用途划分

基本建设项目还可按用途划分为生产性建设项目和非生产性建设项目。

（1）生产性建设项目。生产性建设项目指直接用于物质生产或满足物质生产需要的建设项目，如工业、建筑业、农业、水利、气象、运输、邮电、商业、物资供应、地质资源勘探等建设项目。主要包括以下四个方面。

①工业建设，包括工业国防和能源建设。

②农业建设，包括农、林、牧、水利建设。

③基础设施，包括交通、邮电、通信建设、地质普查、勘探建设、建筑业建设等。

④商业建设，包括商业、饮食、营销、仓储、综合技术服务事业的建设等。

（2）非生产性建设项目。非生产性建设项目指用于满足人民物质生活和文化生活需要的建设项目，如住宅、文教、卫生、科研、公用事业、机关和社会团体等建设项目。

非生产性建设项目包括用于满足人民物质和文化、福利需要的建设和非物质生产部门的建设，主要包括以下几个方面。

①办公用房，如各级国家党政机关、社会团体、企业管理机关的办公用房。

②居住建筑，住宅、公寓、别墅。

③公共建筑，科学、教育、文化艺术、广播电视、卫生、体育、社会福利事业、公用事业、咨询服务、宗教、金融、保险等建设。

④其他建设，不属于上述各类的其他非生产性建设等。

3.按建设规模或投资大小划分

基本建设项目按建设规模或投资大小分为大型项目、中型项目和小型项目。国家对工业建设项目和非工业建设项目均规定有划分大、中、小型的标准，各部委对所属专业建设项目也有相应的划分标准，如水利水电建设项目就有对水库、水电站、堤防等划分为大、中、小型的标准。

划分项目等级有以下原则。

第一，按批准的可行性研究报告（或初步设计）所确定的总设计能力或投资总额的大小，依据国家颁布的《基本建设项目大中小型划分标准》进行分类。

第二，凡生产单一产品的项目，一般以产品的设计生产能力划分；生产多种产品的项目，一般按照其主要产品的设计生产能力划分；产品分类较多，不易分清主次，难以按产品的设计能力划分时，可按投资额划分。

第三，对国民经济和社会发展具有特殊意义的某些项目，虽然设计能力或全部投资不够大、中型项目标准，经国家标准已列入大、中型计划或国家重点建设工程的项目，也按大、中型项目管理。

第四，更新改造项目一般只按投资额分为限额以上和限额以下项目，不再按生产能力或其他标准划分。

4．按隶属关系划分

建设项目按隶属关系可分为国务院各部门直属项目、地方投资国家补助项目、地方项目、企事业单位自筹建设项目。

5．按建设阶段划分

建设项目按建设阶段分为预备项目、筹建项目、施工项目、建成投产项目、收尾项目和竣工项目等（见表1–2）。

表1–2　建设项目按建设阶段划分

名　称	内　容
预备项目（或探讨项目）	预备项目是指按照中长期投资计划拟建而又未立项的建设项目，只作初步可行性研究或提出设想方案供参考，不进行建设的实际准备工作
筹建项目（或前期工作项目）	筹建项目是指经批准立项，正在建设前期准备工作而尚未开始施工的项目
施工项目	施工项目是指本年度计划内进行建筑或安装施工活动的项目，包括新开工项目和续建项目
建成投产项目	建成投产项目是指年内按设计文件规定建成主体工程和相应配套辅助设施，形成生产能力或发挥工程效益，经验收合格并正式投入生产或交付使用的建设项目，包括全部投产项目、部分投产项目和建成投产单项工程
收尾项目	收尾项目是指以前年度已经全部建成投产，但尚有少量不影响正常生产使用的辅助工程或非生产性工程，在本年度继续施工的项目
竣工项目	竣工项目是指整个项目设计任务书规定的一切生产性工程和非生产性工程均已全部建成，经验收鉴定合格，并正式移交生产或使用部门的建设项目

国家根据不同时期国民经济发展的目标、结构调整任务和其他一些需要，对以上各类建设项目制定不同的调控和管理政策、法规、办法。因此，系统地了解上述建设项目各种分类对建设项目的管理具有重要意义。

二、基本建设的程序

工程建设一般要经过规划、设计、施工等阶段以及试运转和验收等过程，才能正式投入生产。工程建成投产以后，还需要进行观测、维修和改进。整个工程建设过程是由一系列紧密联系的过程所组成的，这些过程既有顺序联系，又有平行搭接关系，在每个过程以及过程与过程之间又由一系列紧密相连的工作环节构成一个有机整体。由此构成了反映基本建设内在规律的基本建设程序，简称“基本建设程序”。

基本建设程序中的工作环节，多具有环环相扣紧密相连的性质。其中任意一个中间环节的开展，至少要以一个先行环节为条件，即只有当它的先行环节已经结束或已进展到相当程度，才有可能转入这个环节。基本建设程序中的各个环节，往往涉及好几个工作单位，需要各个单位的协调和配合，如果稍有脱节，常会带来牵动全局的影响。基本建设程序是在工程建设实践中逐步形成的，它与基本建设管理体制密切相关。

根据《水利工程建设项目管理规定》，水利是国民经济的基础设施和基础产业。水利工程建设要严格按建设程序进行。水利工程建设程序一般分为项目建议书、可行性研究报告、初步设计、施工准备（包括招标设计）、建设实施、生产准备、竣工验收、后评价等阶段。一般情况下，项目建议书、可行性研究报告、初步设计称为“前期工作”。

根据《水利工程建设项目管理规定》和《水利基本建设投资计划管理暂行办法》的规定，具体要求如下。

（一）项目建议书阶段

1．项目建议书应根据国民经济和社会发展规划、流域综合规划、区域综合规划、专业规划，按照国家产业政策和国家有关投资建设方针进行编制，是对拟进行建设项目提出的初步说明。

2．项目建议书的编制一般委托有相应资质的工程咨询或设计单位承担。

（二）可行性研究报告阶段

1．根据批准的项目建议书，可行性研究报告应对项目进行方案比较，对技术上是否可行和经济上是否合理进行充分的科学分析和论证。经过批准的可行性研究报告，是项目决策和进行初步设计的依据。

2．可行性研究报告应按照《水利水电工程可行性研究报告编制规程》编制。

3．可行性研究报告的编制一般委托有相应资质的工程咨询或设计单位承担。可行性研究报告经批准后，不得随意修改或变更，在主要内容上有重要变动时，应经过原批准机关复审同意。

（三）初步设计阶段

1．初步设计是根据批准的可行性研究报告和必要而准确的勘察设计资料，对设计对象进行通盘研究，进一步阐明拟建工程在技术上的可行性和经济上的合理性，确定项目的各项基本技术参数、编制项目的总概算。其中概算静态总投资原则上不得突破已批准的可行性研究报告估算的静态总投资。由于工程项目基本条件发生变化，引起工程规模、工程标准、设计方案、工程量的改变，其静态总投资超过可行性研究报告相应估算静态总投资在15%以下时，要对工程变化内容和增加投资提出专题分析报告。超过15%以上（含15%）时，必须重新编制可行性研究报告并按原程序报批。

2．初步设计报告经批准后，主要内容不得随意修改或变更，并作为项目建设实施的技术文件基础。在工程项目建设标准和概算投资范围内，依据批准的初步设计原则，一般非重大设计变更、生产性子项目之间的调整，由主管部门批准。在主要内容上有重要变动或修改（包括工程项目设计变更、子项目调整、建设标准调整、概算调整）等，应按程序上报原批准机关复审同意。

3．初步设计任务应选择有项目相应资格的设计单位承担。

（四）施工准备阶段（包括招标设计）

施工准备阶段是指建设项目的主体工程开工前，必须完成的各项准备工作。其中，招标设计是指为施工以及设备材料招标而进行的设计工作。

（五）建设实施阶段

建设实施阶段是指主体工程的建设实施，项目法人按照批准的建设文件，组织工程建设，保证项目建设目标的实现。

（六）生产准备（运行准备）阶段

生产准备（运行准备）阶段是指为工程建设项目投入运行前所进行的准备工作，完成生产准备（运行准备）是工程由建设转入生产（运行）的必要条件。项目法人应按照建管结合和项目法人责任制的要求，适时做好有关生产准备（运行准备）工作。生产准备（运行准备）应根据不同类型的工程要求确定，一般包括以下主要工作内容。

1．生产（运行）组织准备。建立生产（运行）经营的管理机构及相应管理制度。

2．招收和培训人员。按照生产（运行）的要求，配套生产（运行）管理人员，并通过多种形式的培训，提高人员的素质，使之能满足生产（运行）要求。生产（运行）管理人员要尽早介入工程的施工建设，参加设备的安装调试工作，熟悉有关情况，掌握生产（运行）技术，为顺利衔接基本建设和生产（运行）阶段做好准备。

3．生产（运行）技术准备。主要包括技术资料的汇总、生产（运行）技术方案的制订、岗位操作规程制定和新技术准备。

4．生产（运行）物资准备。主要是落实生产（运行）所需的材料、工器具、备品备件和其他协作配合条件的准备。

5．正常的生活福利设施准备。

（七）竣工验收阶段

竣工验收是工程完成建设目标的标志，是全面考核建设成果、检验设计和工程质量的重要步骤。竣工验收合格的工程建设项目即可以从基本建设转入生产（运行）。

（八）后评价阶段

1．工程建设项目竣工验收后，一般经过1～2年生产（运行）后，要进行一次系统的项目后评价，主要包括以下内容。

（1）影响评价：项目投入生产（运行）后对各方面的影响进行评价。

（2）经济效益评价：对项目投资、国民经济效益、财务效益、技术进步和规模效益、可行性研究深度等进行评价。

（3）过程评价：对项目的立项、勘察设计、施工、建设管理、生产（运行）等全过程进行评价。

2．项目后评价一般按三个层次组织实施，即项目法人的自我评价、项目行业的评价、计划部门（或主要投资方）的评价。

3．项目后评价工作必须遵循客观、公正、科学的原则，做到分析合理、评价公正。

第二节　水利工程前期工作

在基本建设程序中，初步设计及初步设计以前的各项工作，通常称为“前期工作”。做好基本建设的前期工作，常可收到事半功倍的效果。在前期工作中，深入调查研究，周密安排建设计划，必将减少后续工作的盲目性，使工程施工得以顺利进展。

一、项目建议书

项目建议书（又称“立项申请”）是项目建设筹建单位或项目法人，根据国民经济的发展、国家和地方中长期规划、产业政策、生产力布局、国内外市场、所在地的内外部条件，提出的某一具体项目的建议文件，是对拟建项目提出的框架性的总体设想。对于大中型项目，有的工艺技术复杂、涉及面广、协调量大，还要编制可行性研究报告，作为项目建议书的主要附件之一。

项目建议书阶段主要是对投资机会进行研究，以便形成项目设想，虽然这一阶段的工作比较粗糙，对量化的进度要求不高，但从定性的角度来看则是十分重要的，便于从宏观上对项目作出选择。

项目建议书的作用通常表现为三个方面：一是选择建设项目的依据，项目建议书批准后即为立项；二是批准立项的工程可进一步开展可行性研究；三是涉及利用外资的项目，只有在批准立项后方可对外开展工作。

（一）项目建议书的编制

根据《水利基本建设投资计划管理暂行办法》规定：项目建议书、可行性研究报告和初步设计报告等前期工作技术文件的编制必须由具有相应资质的勘测设计单位承担，条件具备的要按照国家有关规定采取招投标的方式，择优选择设计单位。

项目建议书的编制以党和国家的方针政策、已批准的流域综合规划及专业规划、水利发展中长期规划为依据；可行性研究报告的编制以批准的项目建议书为依据（立项过程简化者除外），初步设计报告的编制以批准的可行性研究报告为依据（立项过程简化者除外）。项目建议书、可行性研究报告、初步设计报告的编制应执行国家和部门颁布的编制规程规范。

水利基本建设项目的项目建议书、可行性研究报告和初步设计报告由水行政主管部门或项目法人组织编制。

中央项目的项目建议书、可行性研究报告和初步设计报告由水利部（流域机构）或项目法人组织编制；地方项目的项目建议书、可行性研究报告和初步设计报告由地方水行政主管部门或项目法人组织编制，其中省际水事矛盾处理工程的前期工作由流域机构负责组织。

水利工程项目建议书应根据国民经济和社会发展长远规划、流域综合规划、区域综合规划、专业规划，按照国家产业政策和国家有关投资建设方针进行编制，是对拟进行建设项目的初步说明。水利工程项目建议书应遵守国家有关基本建设的方针政策和水利行业及相关行业的法规，并应符合有关技术标准。

（二）项目建议书的内容

项目建议书的内容视项目的不同而有繁有简，但一般应包括以下几方面内容：①项目的必要性、理由和依据；②项目的目标；③项目的基本要求；④项目规模与范围的初步设想；⑤项目最终交付物或成果的要求；⑥项目的任务说明；⑦项目的时间与进度要求；⑧项目的条件和资源情况；⑨项目的投资估算、资金筹措设想；⑩项目的任务和进度安排；⑪项目的经济效益和社会效益初步估算；⑫对投标或申请承担项目任务的要求，以及相应的评价标准；⑬项目合同的类型（使用承包商/供应商时）和付款方式。

项目建议书上报应具备的必要文件：水利基本建设项目的外部建设条件涉及其他省、部门等利益时，必须附具有关省和部门意见的书面文件；水行政主管部门或流域机构签署的规划同意书；项目建设与运行管理初步方案；项目建设资金的筹集方案及投资来源意向。

（三）项目建议书审批

项目建议书按要求编制完成后，应根据建设规模分别报送有关部门审批。按现行规定，大中型及限额以上项目的项目建议书首先应报送行业归口主管部门，同时抄送国家发展和改革委员会。行业归口主管部门根据国家中长期规划要求，着重从资金来源、建设布局、资源合理利用、经济合理性、技术政策等方面进行初审，通过后报国家发展和改革委员会。国家发展和改革委员会再从建设总规模、生产力总布局、资源优化配置及资金供应可能性、外部协作条件等方面进行综合平衡后审批。凡行业归口主管部门初审未通过的项目，国家发展和改革委员会不予审批。

地方大中型水利基本建设项目建议书、可行性研究报告，由省级计划主管部门报送国家发展和改革委员会，并抄报水利部和流域机构，由水利部或委托流域机构负责组织技术审查。地方其他水利基本建设项目建议书、可行性研究报告完成后由省级水行政主管部门组织技术审查；其中省际边界工程，须由流域机构组织对项目建议书、可行性研究报告的技术审查。

中央项目的初步设计由流域机构报送水利部，其中大中型项目由水利部组织技术审查，一般项目由流域机构组织技术审查。地方大中型项目初步设计，由省级水行政主管部门报送水利部，由水利部或委托流域机构组织技术审查。地方其他项目初步设计由省级水行政主管部门组织审查，其中地方省际边界工程的初步设计须报送流域机构组织技术审查。

项目建议书、可行性研究报告的审批权限：大中型水利基本建设项目建议书、可行性研究报告，经技术审查后，由水利部提出审查意见，报国家发展和改革委员会审批；其他中央项目建议书、可行性研究报告由水利部或委托流域机构审批；其他地方项目，使用中央补助投资的由省有关部门按基本建设程序审批；涉及省际水事矛盾的地方项目，项目建议书和可行性研究报告应报经流域机构审查、协调后再行审批。

项目建议书、可行性研究报告批准后，未能在三年内按条件报送下一程序文件的，需重新编报项目建议书、可行性研究报告。

二、项目法人

（一）项目法人组建

项目主管部门应在可行性研究报告批复后，施工准备工程开工前完成项目法人组建。组建项目法人要按项目的管理权限报上级主管部门审批和备案。中央项目由水利部（或流域机构）负责组建项目法人。流域机构负责组建项目法人的报水利部备案。地方项目由县级以上人民政府或其委托的同级水行政主管部门负责组建项目法人并报上级人民政府或其委托的水行政主管部门审批，其中总投资在2亿元以上的地方大型水利工程项目由项目所在地的省（自治区、直辖市及计划单列市）人民政府或其委托的水行政主管部门负责组建项目法人任命法定代表人（简称“法人代表”）。

新建项目一般应按建管一体的原则组建项目法人。除险加固、续建配套、改建扩建等建设项目，原管理单位基本具备项目法人条件的，原则上由原管理单位作为项目法人或以其为基础组建项目法人。一、二级堤防工程的项目法人可承担多个子项目的建设管理，项目法人的组建应报项目所在流域的流域机构备案。

1．组建项目法人需上报材料的主要内容：项目主管部门名称；项目法人名称、办公地址；法人代表姓名、年龄、文化程度、专业技术职称、参加工程建设简历；技术负责人姓名、年龄、文化程度、专业技术职称、参加工程建设简历；机构设置、职能及管理人员情况；主要规章制度。

2．大中型建设项目的项目法人应具备的基本条件如下。

（1）法人代表应为专职人员。法人代表应熟悉有关水利工程建设的方针、政策和法规，有丰富的建设管理经验和较强的组织协调能力。

（2）技术负责人应具有高级专业技术职称，有丰富的技术管理经验和扎实的专业理论知识，负责过中型以上水利工程的建设管理，能独立处理工程建设中的重大技术问题。

（3）人员结构合理，应包括满足工程建设需要的技术、经济、财务、招标、合同管理等方面的管理人员。大型工程项目法人具有高级专业技术职称的人员不少于总人数的10%，具有中级专业技术职称的人员不少于总人数的25%，具有各类专业技术职称的人员一般不少于总人数的50%。中型工程项目法人具有各级专业技术职称的人员比例，可根据工程规模的大小参照执行。

（4）有适应工程需要的组织机构，并建立完善的规章制度。

（二）项目法人的职责

1．项目法人是项目建设的责任主体，对项目建设的工程质量、工程进度、资金管理和生产安全负总责，并对项目主管部门负责。项目法人在建设阶段的主要职责如下。

（1）组织初步设计文件的编制、审核、申报等工作。

（2）按照基本建设程序和批准的建设规模、内容、标准组织工程建设。

（3）根据工程建设需要组建现场管理机构并负责任免其主要行政及技术、财务负责人。

（4）负责办理工程质量监督、工程报建和主体工程开工报告报批手续。

（5）负责与项目所在地地方人民政府及有关部门协调解决好工程建设外部条件。

（6）依法对工程项目的勘察、设计、监理、施工和材料及设备等组织招标，并签订有关合同。

（7）组织编制、审核、上报项目年度建设计划，落实年度工程建设资金，严格按照概算控制工程投资，用好、管好建设资金。

（8）负责监督检查现场管理机构建设管理情况，包括工程投资、工期、质量、生产安全和工程建设责任制情况等。

（9）负责组织制订、上报在建工程度汛计划、相应的安全度汛措施，并对在建工程安全度汛负责。

（10）负责组织编制竣工决算。

（11）负责按照有关验收规程组织或参与验收工作。

（12）负责工程档案资料的管理，包括对各参建单位所形成档案资料的收集、整理、归档工作进行监督、检查。

2．现场建设管理机构是项目法人的派出机构，其职责应根据实际情况由项目法人制定，一般应包括以下主要内容。

（1）协助、配合地方政府征地、拆迁和移民等工作。

（2）组织施工用水、电、通信、道路和场地平整等准备工作及必要的生产、生活临时设施的建设。

（3）编制、上报年度建设计划，负责按批准后的年度建设计划组织实施。

（4）加强施工现场管理，禁止转包、违法分包行为。

（5）按照项目法人与参建各方签订的合同进行合同管理。

（6）及时组织研究和处理建设过程中出现的技术、经济和管理问题，按时办理工程结算。

（7）组织编制度汛方案，落实有关安全度汛措施。

（8）负责建设项目范围内的环境保护、劳动卫生和安全生产等管理工作。

（9）按时编制和上报计划、财务、工程建设情况等统计报表。

（10）按规定做好工程验收工作。

（11）负责现场应归档材料的收集、整理和归档工作。

（三）对项目法人的考核管理

项目主管部门负责对项目法人及其法定代表人和技术、经济负责人的考核管理工作。项目主管部门要根据项目法定代表人、技术负责人和经济负责人等岗位的特点，确定考核内容、考核指标和考核标准，对其实行年度考核和任期考核，重点考核工作业绩，并建立业绩档案。

1．考核的主要内容包括：①遵守国家颁布的固定资产投资、资金管理与建设管理的法律、法规和规章的情况。②年度建设计划和批准的设计文件的执行情况。③建设工期、工程质量和生产安全情况。④概算控制、资金使用和工程组织管理情况。⑤生产能力和国有资产形成及投资效益情况。⑥土地、环境保护和国有资源利用情况。⑦精神文明建设情况。⑧信息管理、工程档案资料管理情况。⑨其他需考核的事项。

2．建立奖惩制度。根据项目建设的考核情况，项目主管部门可在工程造价、工期和生产安全得到有效控制，工程质量优良的前提下，对为建设项目做出突出成绩的项目法定代表人及有关人员进行奖励，奖金可在工程建设结余中列支；对在项目建设中出现较大工程质量和生产安全事故的项目法定代表人及有关人员进行处罚。

三、项目可行性研究

项目可行性研究是通过对与项目有关的工程、技术、经济等各方面条件和情况的调查、研究、分析，对各种可能的建设方案进行比较论证，并对项目建成后的经济效益进行预测和评价的一种科学分析方法。工程建设项目可行性研究是项目建议书批准后，确定项目是否立项之前，国家对建设项目在技术上是否可行和经济上是否合理进行科学的分析和论证。凡经可行性研究未获通过的项目，不得编制向上报送的可行性研究报告和进行下一步工作。我国工程建设项目可行性研究是对项目建议书或提案的进一步全面、深入的细化论证，主要内容包括项目前景与范围、资源与条件、各备选方案及其实施安排、各备选方案的环境保护评价、财务与国民经济评价等。它主要评价项目技术上的先进性和适用性、经济上的营利性和合理性、建设的可能性和可行性。可行性研究是项目前期工作的重要内容，它从项目建设和生产经营全过程考察分析项目的可行性。目的是回答项目是否有必要建设、是否可能建设和如何进行建设的问题，其结论为投资者的最终决策提供直接的依据。可行性研究阶段需要编写可行性研究报告。

可行性研究报告，按国家现行规定的审批权限报批。申报项目可行性研究报告，必须同时提出项目法人组建方案及运行机制、资金筹措方案、资金结构及回收资金的办法，并依照有关规定附具有管辖权的水行政主管部门或流域机构签署的规划同意书、对取水许可预申请的书面审查意见。审批部门要委托有项目相应资格的工程咨询机构对可行性报告进行评估，并综合行业归口主管部门、投资机构（公司）、项目法人（或项目法人筹备机构）等方面的意见进行审批。

可行性研究报告经批准后，不得随意修改和变更，在主要内容上有重要变动时，应经原批准机关复审同意。项目可行性报告批准后，应正式成立项目法人，并按项目法人责任制实行项目管理。

申报项目应提供的文件：项目建议书的批准文件；项目建设资金筹措各方的资金承诺文件；项目建设及建成投入使用后的管理体制及管理机构落实方案，管理维护经费开支的落实方案；使用国外投资、中外合资和建设—经营—转让方式建设的外资项目，必须有与国外金融机构、外商签订的协议和相应的资信证明文件；其他外部协作协议；环境影响评价报告书及审批文件；需要办理取水许可的水利建设项目，要附具对取水许可预申请的书面审查意见以及经审查的建设项目水资源论证报告书。

四、初步设计

设计是对拟建工程的实施在技术上和经济上所进行的全面而详尽的安排，是基本建设计划的具体化，是组织施工的依据。初步设计是根据批准的可行性研究报告和必要而准确的设计资料，对设计对象进行通盘研究，阐明拟建工程在技术上的可行性和经济上的合理性，规定项目的各项基本技术参数，编制项目的总概算。初步设计任务应择优选择有项目相应资格的设计单位承担，依照有关初步设计编制规定进行编制。我国一般工程建设项目进行两阶段设计，即初步设计和施工图设计。根据建设项目的不同情况，可根据不同行业的特点和需要，增加技术设计阶段。

初步设计报告上报应具备的必要文件：可行性研究报告的批准文件；资金筹措文件；项目建设及建成投入使用后的管理机构批复文件和管理维护经费承诺文件。

第二章　水利工程招投标管理

第一节　招标程序与招标文件编制

一、招标程序

（一）水利工程招标的一般程序

1. 提交招标报告。报告的具体内容：招标已具备的条件，招标方式，分标方案，招标计划安排，投标人资质（资格）条件，评标方法，评标委员会组建方案以及开标、评标的工作具体安排等。

2. 编制招标文件。水利工程施工招标文件要严格按照规定使用。

3. 发布招标信息、招标公告或投标邀请书。采用公开招标方式的项目，招标人应当通过原国家发展计划委员会指定的媒介（《中国日报》《中国经济导报》《中国建设报》和中国采购与招标网http：//www.chinabidding.com.cn）之一发布招标公告，其中大型水利工程建设项目以及国家重点项目、中央项目、地方重点项目还应当同时在《中国水利报》发布招标公告。指定报纸在发布招标公告的同时，应将招标公告如实抄送指定网络。

4. 组织资格预审。资格预审是指在投标前对潜在投标人进行资格审查。目的是有效地控制招标工程中的投标申请人数量，确保工程招标人选择到满意的投标申请人实施工程建设。一般来说，资格审查方式可分为资格预审和资格后审。资格预审适用于公开招标或部分邀请招标的技术复杂的工程、交钥匙的工程等。资格后审是指在开标后对投标人进行的资格审查。对于一些工期要求比较紧张、工程技术和结构不复杂的工程项目，为了争取早日开工，可进行资格后审。

5．组织购买招标文件的潜在投标人现场踏勘。水利工程施工招标文件的投标人须组织踏勘现场的，招标人按照招标公告（或投标邀请书）规定的时间和地点组织踏勘现场。

6．接受投标人对招标文件有关问题要求澄清的函件，对问题进行澄清，并书面通知所有潜在投标人。招标人对已发出的招标文件进行必要澄清或者修改的，应当在招标文件要求提交投标文件截止日期至少15日前，以书面形式通知所有投标人。该澄清或者修改的内容为招标文件的组成部分。不足15日的，招标人应当顺延提交投标文件的截止时间。

7．组织成立评标委员会，并在中标结果确定前保密。

8．在规定时间和地点，接受符合招标文件要求的投标文件。在投标截止时间之前，投标人可以撤回已递交的投标文件或进行更正和补充，但应当符合招标文件的要求，投标人在递交投标文件的同时，应当递交投标保证金。依法必须进行招标的项目，自招标文件开始发出之日起至投标人提交投标文件截止之日止，最短不得少于20日。

9．组织开标、评标会。

10．确定中标人。

11．向水行政主管部门提交招标投标情况的书面总结报告。

12．发中标通知书，并将中标结果通知所有投标人。

13．进行合同谈判，并与中标人订立书面合同。中标人收到中标通知书后，招标人、中标人双方应具体协商谈判签订合同事宜，形成合同草案。合同草案一般需要先报招标投标管理机构审查。对合同草案的审查，主要看其是否按中标的条件和价格拟订。经审查后，招标人与中标人应当自中标通知书发出之日起30天内，按照招标文件和中标人的投标文件正式签订书面合同。招标人与中标人签订合同后5个工作日内，应当退还投标保证金。

（二）水利工程招标的要求

1．招标公告正式媒介发布至发售资格预审文件（或招标文件）的时间间隔一般不少于10日。

2．招标人应当对招标公告的真实性负责，招标公告不得限制潜在投标人的数量。

3．采用邀请招标方式的，招标人应当向3个以上有投标资格的法人或其他组织发出投标邀请书。

4．投标人少于3个的，招标人应当依照《水利工程建设项目招标投标管理规定》（水利部令第14号）重新招标。

二、招标文件编制

（一）招标的主要特点

1．水利工程施工招标既有普遍性又有特殊性，是普遍性与特殊性的统一。

2．水利工程施工招标投标竞争激烈，容易出现围标、串标、挂靠等情况。

3．水利工程施工招标一般应采用主管部门颁发的招标示范文本和合同条款。

4．水利工程施工招标可设置标底，财政性投资项目一般不设置标底，但要设置最高限价。发展改革委鼓励实行无标底的评标方法。

5．水利工程施工招标评标方法多样，一般性（小型和技术较简单的）工程可以采用经评审的最低投标价法，大中型工程一般采用综合评估法和二阶段评标法。

6．施工招标评标现场难以判断投标人报价低于其成本价的情况，特别是大中型和技术复杂的水利工程，应在招标文件中采取公正的措施尽量避免最低价中标，以确保水利工程的质量和安全。

7．大中型水利工程一般分多个标段招标，但分标应有利于施工、有利于管理、有利于竞争，不造成过多的干扰，不影响工程的整体性、安全性和结构完整性。招标时，一个标段编制一个招标文件。

分标主要考虑的因素有以下几个方面。

（1）工程特点。即工程规模、技术难易程度、工程施工场地的分布情况等因素。工程规模大、技术复杂、工程场地分布广的工程应采用分标方式，有利于加快进度和适度竞争。

（2）对工程造价的影响。一般情况下，一个承包商来总包易于管理，便于人力、物力、设备的调配与调度，因而有利于降低工程造价。但对大型、复杂的工程项目，如果不进行分标，会使有资格参加工程投标的承包商大大减少，竞争减少会导致报价上涨，可能反而得不到合理的报价。

（3）充分发挥专业承包商的特长。工程项目是由单位工程、单项工程或专业工程组成的，分标时应考虑各部分专业和技术方向的差别，尽量按专业领域和技术方向来划分，以便充分发挥各承包商的专业、技术特长。

（4）施工和组织管理是否方便。在分标时应考虑施工和组织管理两个方面的因素，施工进度的衔接和施工布置的干扰。分包时应充分考虑施工进度的衔接和施工现场布置的要求，对各承包商之间的施工场地进行细致周密的安排，避免各承包商之间相互干扰。为了保证施工进度平顺地衔接，关键项目一定要选择施工技术水平高、能力强、信誉好的承包商，以防止影响其他承包商的施工进度。

（5）资金筹措情况。分标应考虑到招标人对项目建设资金到位的时间安排。

（6）设计进度方面。主要根据设计合同对各部分项目设计进度的要求，按照设计进度的先后顺序来分标。

8．大型水利工程大多采用单价承包方式或永久工程单价承包、临时工程总价承包的方式，只有少数水文地质条件好、设计较完善（已经达到施工图设计阶段）的施工招标才采用总价承包方式。

9．施工招标一般在监理招标后进行，这样有利于施工合同条件的采用和实施，有利于设计施工的协调，有利于实现工程质量、安全、投资、进度的统一。

10．施工招标涉及面广，合同关系较复杂，既与勘察设计单位有关，也与监理单位有关，还涉及移民征地、设备采购与安装等方面。

（二）施工招标文件编制的依据

1．国家有关招标投标的法律、行政法规、部门规章、地方性法规规章和主管部门合法的规范性文件等。

2．项目审批部门批准的初步设计报告批准文件或核准的施工图设计及其附件设计文本、图纸。

3．国家和行业主管部门颁发的有关勘察设计规范、施工技术规范、行业规范、地方规范等。

4．合同法和有关经济法规、质量法规、劳动法规、移民征地法规、安全生产法规、保险法规和规范性文件。

5．国家和主管部门颁布的各种施工招标与合同条款示范文本。

6．招标人对招标项目的质量、进度、投资造价等控制性要求。

7．招标人对工程创优、文明施工、安全、环保等方面的要求。

8．招标人对招标项目的特殊技术、施工工艺等要求。

9．施工招标前项目法人已经与有关单位和部门签订的合同文件。

（三）招标文件的主要内容

1．投标邀请书或投标通知书。

2．投标须知。施工招标文件中，投标须知居于非常重要的地位，投标人必须对投标须知的每一条款都认真阅读。投标须知的主要内容包括：工程概况，招标范围和内容，资金来源，投标资格要求，联合体要求，投标费用和保密，招标文件的组成，招标文件的答疑要求，招标文件使用语言，投标文件的组成，是否允许替代方案、有何要求，投标报价要求，合同承包方式，投标文件有效期，投标保证金的形式要求、有效期和金额要求，现场考察要求，投标文件的包装、份数、签署要求，投标文件的递交、截止时间、地点规定，投标文件的修改与撤回规定，开标的时间、地点规定，开标评标的程序，评标过程的澄清或答辩，重大偏差的规定与认定，投标文件算术错误的修正，评标方法，重新招标或中止招标的规定，定标原则和时间规定，中标通知书颁发和合同签订的要求，履约保证金的规定等。

3．合同条款，包括通用合同条款和专用合同条款。国家有关部门对许多建设项目都制定了规范的合同条款，供招标人使用。

4．投标报价要求及其计算方式。投标报价是评标委员会评标时的重要因素，也是投标人最关心的内容。因此，招标人或招标代理机构在招标文件中应事先规定报价的具体要求、工程量清单及说明、计算方法、报价货币种类等。水利工程基本上是报综合单价，包括直接费、间接费、税金、利润、风险等。招标文件中还应注明合同类型（总价合同或是单价合同）、投标价格是否固定不变（如果可变，则应注明如何调整），以及价格的调整方法、调整范围、调整依据、调整数量的认定等，否则很容易引起纠纷。

5．合同协议书和投标报价书格式。水利工程施工合同协议书对组成合同文件的解释顺序作了如下规定：①协议书（包括补充协议）；②中标通知书；③投标报价书；④专用合同条款；⑤通用合同条款；⑥技术条款；⑦图纸；⑧已标价的工程量清单；⑨经双方确认进入合同的其他文件。

6．投标保函、履约保函格式。招标文件对投标保函和履约保函一般都规定有具体的格式，也是法定的可以规定的废标条件。除非招标文件有明文规定，否则投标人必须提交招标文件规定格式和内容的保函。否则，可能引起投标文件的无效。

7．法定代表人资格证明书、授权委托书格式。这两个文件是投标文件中必须随附的法定文件，是招标文件必备的格式文件，投标人必须按照招标文件的规定格式和内容要求填写，否则可能引起投标文件的无效。

8．招标项目数量、工程量清单及其说明。工程量清单包括报价说明、分项工程报价表和汇总表等，是水利工程招标投标报价的基础。根据国家和水利部有关规定，水利工程应该采用工程量清单报价，只有这样，所有投标人报价比较的基础才统一，否则报价无从比较，对报价的评价也有失公平、公正。工程量清单说明应该清楚规定项目的合同承包方式，报价总价或单价包含的内容、范围，算术错误的修正方法等。投标人不能对工程量清单进行修改、补充，因为如果各投标人都对工程量清单进行修改补充，那么，各投标人报价比较的基础就不同。因此招标文件不允许投标人修改工程量清单，否则可能导致废标。

9．投标辅助资料。其主要包括如下内容：①主要材料预算价格表；②材料价格表；③单价汇总表；④机械台时费计算表；⑤混凝土、砂浆材料单价计算表；⑥建筑、安装工程单价分析表；⑦拟投入本合同工作的施工队伍简要情况表（格式）；⑧拟投入本合同工作的主要人员表（格式）；⑨拟投入本合同工作的主要施工设备表（格式）；⑩劳动力计划表（格式）；⑪主要材料和水、电需用量计划表（格式）。

10．资格审查或证明文件资料。其主要包括以下内容：①投标人资质文件复印件；②投标人营业执照复印件；③联合体协议书（如有）；④投标人基本情况表（格式）；⑤近期完成的类似工程情况表（格式）；⑥正在施工的及新承接的工程情况表（格式）；⑦注册会计师事务所出具的财务状况表（格式）。

11．投标人经验、履约能力、资信情况等证明文件。施工投标是竞争性非常激烈的投标，特别是对于大型水利工程来说，投标人的经验、能力和资信是招标人非常看重的一个方面。但这些方面的内容也容易出现虚假材料，招标人或招标代理机构应采取措施防止投标人造假，以便于评标委员会审查判断其真伪。

12．评标标准和方法。评标方法的选择是施工招标过程中非常重要的一个环节，应根据招标项目的规模、技术复杂程度、施工条件、市场竞争情况等因素来规定评标方法和标准。招标文件中必须非常明确地表达施工招标的评标标准和方法，发出招标文件后，除非有错误，否则不要随便更改评标标准和方法，因为招标文件是在资格审查完成后发出的，此时已经知道所有信息的投标人，如果随意修改评标标准和方法，很容易引起误解。

对于水利项目来说，评标的方法主要有三种：经评审的最低投标价法、综合评估法和二阶段评标法。

评标的标准，一般包括价格标准和非价格标准。价格标准比较容易确定，非价格标准应尽可能客观和量化，按货币或相对权利（系数或得分）进行量化。一般来说，对于服务和特许经营评标，非价格标准主要有投标人资格、主要技术或服务人员资格资历、经验、信誉、可靠性保证、专业技术方案、管理能力、资金实力、类似经验、服务能力与保证等因素。对于工程施工评标，非价格标准主要有工期、质量、安全、文明施工、技术人员和管理人员素质、资信、经验等因素。对于货物评标，非价格标准主要有付款计划、交货期、运营成本、货物的有效性和配套性、零配件供应能力、服务承诺及反应、相关培训、质量保证、技术、安全性能、环境效益等因素。

13．技术条款。技术规格和要求是招标文件中最重要的内容之一，是指招标项目在技术、质量方面的标准，也就是通常说的招标技术条款。技术规格或技术要求的确定，往往是招标能否具有竞争性、能否达到预期目的的技术制约因素。因此，世界各国和有关国际组织都普遍要求，招标文件规定的技术规格、标准应采用所在国法定的或国际公认的标准。《招标投标法》规定："国家对招标项目的技术、标准有规定的，招标人应当按照其规定在招标文件中提出相应要求。"也就是要求招标人或招标代理机构或设计单位在编制招标文件时对招标项目的技术要求应按照国家规范和标准，国家、行业主管部门或地方有规定的按行业或地方标准，国家、主管部门、地方没有规定的，可参照国际惯例或行业惯例，不能另搞一套。

14．招标图纸。招标图纸一般由招标项目的设计单位负责提供，内容包含在招标设计中。如果招标文件要求的份数超出原设计合同的数量，则需要另行支付图纸费用。

15．其他招标资料。其他招标资料主要指不构成招标文件的内容，仅对投标人编写投标文件具有参考作用的资料。招标人对投标人根据参考资料而引起的错误不承担任何责任。

第二节　投标程序与投标文件编制

一、投标程序

（一）水利工程投标的一般程序

从投标人的角度看，水利工程施工投标的一般程序，主要经历以下几个环节。

1. 参加资格预审。
2. 购买招标文件。
3. 组织投标班子。
4. 研究招标文件。
5. 参加踏勘现场和投标预备会。
6. 编制、递送投标文件。
7. 出席开标会议，填写投标文件澄清函。
8. 接受中标通知书，签订合同，提供履约担保。

（二）投标活动的主要内容

当招标人通过新闻媒介发出招标公告后，承包商应首先认真研究招标工程的性质、规模、技术难度，结合自身主观影响因素，如技术实力、经济实力、管理实力、信誉实力等，认真分析业主、潜在竞争对手、风险问题等客观影响因素，决定是否参与投标。

投标人获取招标信息渠道是否通畅，往往决定该投标人是否在投标竞争中占得先机，这就需要投标人日常建立广泛的信息网络。投标人获取招标信息的主要途径有：①通过招标公告来发现投标目标；②通过政府部门或行业协会获取信息；③通过设计单位、咨询机构、监理单位等获取信息；④搞好公共关系，深入有关部门收集信息；⑤取得老客户的信任，从而承接后续工程或接受邀请，获取信息；⑥和业务相关单位经常联系，以获取信息或能够联合承包项目；⑦通过社会知名人士介绍获取信息等。

1. 参加资格预审

资格审查方式可分为资格预审和资格后审。如招标人发布资格预审公告，则投标人需要按照《水利水电工程标准施工招标资格预审文件》中规定的资格预审申请文件格式认真准备申请文件，参加资格预审。

2. 购买招标文件和有关资料，缴纳投标保证金

投标人经资格审查合格后，便可向招标人申购招标文件和有关资料，同时要按照招标文件规定的时间缴纳投标保证金。

投标保证金是为防止投标人对其投标活动不负责任而设定的一种担保形式。一般来说，投标保证金可以采用现金形式，也可以使用支票、银行汇票，还可以是银行出具的银行保函等。

3. 组织投标班子

实践证明，建立一个强有力的、专业的投标班子是投标获得成功的根本保证。施工企业必须精心挑选精明能干、富有经验的人员组成投标班子。

投标班子一般应包括下列三类人员。

（1）经营管理类人员。这类人员一般是从事工程承包经营管理的行家里手，熟悉工程投标活动的筹划和安排，具有相当高的决策水平。

（2）专业技术类人员。这类人员是从事各类专业工程技术的人员，如建造师、造价工程师等。

（3）商务金融类人员。这类人员是从事有关金融、贸易、财税、保险、会计、采购、合同、索赔等工作的人员。

4. 研究招标文件

购买招标文件后，应认真研究文件中所列工程条件、范围、项目、工程量、工期和质量要求、施工特点、合同主要条款等，弄清承包责任和报价范围，避免遗漏，发现含义模糊的问题，应做书面记录，以备向招标人询问。同时列出材料和设备的清单，调查其供应来源状况、价格和运输问题，以便在报价时综合考虑。

5. 参加踏勘现场和投标预备会

投标人在去现场踏勘之前，应先仔细研究招标文件有关概念的含义和各项要求，特别是招标文件中的工作范围、专用条款以及设计图纸和说明等，然后有针对性地拟定出踏勘提纲，确定重点需要澄清和解答的问题，做到心中有数。投标人参加现场踏勘的费用，由投标人自己承担。招标人一般在招标文件发出后，就着手考虑安排投标人进行现场踏勘等准备工作，并在现场踏勘中对投标人给予必要的协助。

投标人进行现场踏勘的内容，主要包括以下几个方面。

（1）工程的范围、性质以及与其他工程之间的关系。

（2）投标人参与投标的工程与其他承包商或分包商之间的关系。

（3）现场地貌、地质、水文、气候、交通、电力、水源等情况，有无障碍物等。

（4）进出现场的方式，现场附近有无食宿条件、料场开采条件、其他加工条件、设备维修条件等。

（5）现场附近治安情况。

投标预备会，又称“答疑会”“标前会议”，一般在现场踏勘之后的1～2天内举行，也可能根据情况不举行。研究招标文件和勘查现场过程中发现的问题，应向招标人提出，并力求得到解答，而且自己尚未注意到的问题，可能会被其他投标人提出；设计单位、招标人等也将会就工程要求和条件、设计意图等问题作出交底说明。因此，参加投标预备会对于进一步吃透招标文件，了解招标人意图、工程概况和竞争对手情况等均有重要作用，投标人不应忽视。

6. 编制和递交投标文件

经过现场踏勘和投标预备会后，投标人可以着手编制投标文件。投标人编制和递交投标文件的具体步骤和要求如下。

（1）结合现场踏勘和投标预备会的结果，进一步分析招标文件。招标文件是编制投标文件的主要依据，因此，必须结合已获取的有关信息认真细致地加以分析研究，特别是要重点研究其中的投标人须知、专用条款、设计图纸、工程范围以及工程量清单等，要弄清到底有没有特殊要求或有哪些特殊要求。

（2）校核招标文件中的工程量清单。投标人是否校核招标文件中的工程量清单或校核得是否准确，直接影响到投标报价和中标机会。因此，投标人应认真对待。通过认真校核工程量，投标人大体确定了工程总报价之后，估计某些项目工程量可能会增加或减少的，就可以相应地提高或降低单价。如发现工程量有重大出入的，特别是漏项的，可以在投标规定截止时间前以书面形式提出澄清申请，要求招标人对招标文件予以澄清。

（3）根据工程类型编制施工规划或施工组织设计。投标文件中施工规划或施工组织设计是一项重要内容，它是招标人对投标人能否按时、按质、按价完成工程项目的主要判断依据。由于水利工程招标一般分标，这里通常认为应该是单位工程施工组织设计。一般包括施工程序、方案，施工方法，施工进度计划，施工机械、材料、设备的选定和临时生产、生活设施的安排，劳动力计划，以及施工现场平面和空间的布置。施工规划或施工组织设计的主要编制依据是设计图纸、技术规范，工程量清单，招标文件要求的开工、竣工日期，以及对市场材料、机械设备、劳动力价格的调查。编制施工规划或施工组织设计，要在保证工期和工程质量的前提下，尽可能使成本最低、利润最大。具体要求是：根据工程类型编制出最合理的施工程序，选择和确定技术上先进、经济上合理的施工方法，选择最有效的施工设备、施工设施和劳动组织，周密、均衡地安排人力、物力和生产，正确编制施工进度计划，合理布置施工现场的平面和空间。

（4）根据工程价格构成进行工程估价，确定利润方针，计算和确定报价。投标报价是投标的一个核心环节，投标人要根据工程价格构成对工程进行合理估价，确定切实可行的利润方针，正确计算和确定投标报价。投标人不得以低于成本的报价竞标。

（5）形成、制作投标文件。投标文件应完全按照招标文件的各项要求编制。投标文件应当对招标文件提出的实质性要求和条件作出响应，一般不能带任何附加条件，否则将导致投标无效。投标文件一般应包括以下内容：①投标函及投标函附录；②法定代表人身份证明或附有法定代表人身份证明的授权委托书；③投标保证金；④已标价工程量清单与报价表；⑤施工组织设计；⑥项目管理机构；⑦资格审查资料；⑧投标人须知前附表规定的其他材料。

（6）递送投标文件。递送投标文件，也称“递标”，是指投标人在招标文件要求提交投标文件的截止时间前，将所有准备好的投标文件密封送达投标地点。招标人收到投标文件后，应当签收保存，不得开启。投标人在投标截止时间之前，可以对所递交的投标文件进行补充、修改或撤回，并书面通知招标人，但所递交的补充、修改或撤回通知必须按招标文件的规定编制、密封和标志。补充、修改的内容为投标文件的组成部分。

7.出席开标会议，填写投标文件澄清函

投标人在编制、递交了投标文件后，要积极准备出席开标会议。参加开标会议对投标人来说，既是权利也是义务。投标人参加开标会议，要注意其投标文件是否被正确启封、宣读，对于被错误地认定为无效的投标文件或唱标出现的错误，应当现场提出异议。

在评标期间，评标委员会要求澄清投标文件中不清楚问题的，投标人应积极予以说明、解释、澄清。澄清投标文件一般由评标委员会向投标人发出投标文件澄清通知，由投标人书面作出说明或澄清的方式进行。说明、澄清和确认的问题，作为投标文件的组成部分。在澄清过程中，投标人不得更改报价、工期等实质性内容，开标后和定标前提出的任何修改声明或附加优惠条件，一律不得作为评标的依据。但评标委员会按照评审办法，对确定为实质上响应招标文件要求的投标文件进行校核时发现的计算上或累计上的计算错误，应进行修改并取得投标人的认可。

8.接受中标通知书，签订合同，提供履约担保

投标人被确定为中标人后，应接受招标人发出的中标通知书。未中标的投标人有权要求招标人退还其投标保证金。自中标通知书发出之日起30日内，招标人和中标人应当按照招标文件和中标人的投标文件订立书面合同，中标人提交履约保函。招标人和中标人不得另行订立背离招标文件实质性内容的其他协议。当确定的中标人拒绝签订合同时，招标人可与确定的候补中标人签订合同，并按项目管理权限向水行政主管部门备案。

二、投标文件编制

（一）投标文件的编制要求

1.投标文件编制的一般要求

（1）投标人编制投标文件时必须使用招标文件提供的投标文件表格格式，但表格可以按同样格式扩展。投标保证金、履约保证金的方式，按招标文件有关条款的规定选择。投标人根据招标文件的要求和条件填写投标文件的空格时，凡要求填写的空格都必须填写，不得空着不填，否则即被视为放弃意见。实质性的项目或数字，如工期、质量等级、价格等未填写的，将被作为无效或作废的投标文件处理。将投标文件按规定的日期送交招标人，等待开标、决标。

（2）应当编制的投标文件“正本”仅一份，“副本”则按招标文件前附表所述的份数提供，同时要在标书封面标明“投标文件正本”和“投标文件副本”字样。投标文件正本和副本如有不一致之处，以正本为准。

（3）投标文件正本和副本均应使用不能擦去的墨水打印或书写，各种投标文件的填写都要字迹清晰、端正，补充设计图纸要整洁、美观。

（4）所有投标文件均由投标人的法定代表人签署、加盖印鉴，并加盖法人

单位公章。

（5）填报投标文件应反复校核，保证分项和汇总计算均无错误。全套投标文件均应无涂改和行间插字，除非这些删改是根据招标人的要求进行的，或者是投标人造成的必须修改的错误。修改处应由投标文件签字人签字证明并加盖印鉴。

（6）如招标文件规定投标保证金为合同总价的某一百分比时，开投标保函不要太早，以防泄露自己的报价。但有的投标者提前开出并故意加大保函金额，以麻痹竞争对手的情况也是存在的。

（7）投标人应将投标文件的技术标和商务标分别密封在内层包封，再密封在一个外层包封中，并在内封上标明“技术标”和“商务标”。标书包封的封口处都必须加贴封条，封条贴缝应全部加盖密封章或法人章。内层和外层包封都应由投标人的法定代表人签署、加盖印鉴，并加盖法人单位公章。内层和外层包封都应写明投标人名称和地址、工程名称、招标编号，并注明开标时间以前不得开封。在内层和外层包封上还应写明投标人的名称与地址、邮政编码，以便投标出现逾期送达时能原封退回。如果内外层包封没有按上述规定密封并加写标志，投标文件将被拒绝，并退还给投标人。投标文件应按时递交至招标文件前附表所述的单位和地址。

（8）投标文件的打印应力求整洁、悦目，避免评标专家产生反感。投标文件的装订也要力求精美，使评标专家从侧面对投标企业实力认可。

2. 技术标编制的要求

技术标与施工组织设计虽然在内容上是一致的，但在编制要求上却有一定差别。施工组织设计的编制一般注重管理人员和操作人员对规定和要求的理解和掌握。而技术标则要求能让评标委员会的专家们在较短的时间内，发现标书的价值和独到之处，从而给予较高的评价。因此，技术标编制前应注意以下问题。

（1）针对性。在评标过程中，投标人往往把技术标做得很厚。而其中的内容往往都是对规范标准的成篇引用，或对其他项目标书的成篇抄录，因而使标书毫无针对性。该有的内容没有，无须有的内容却充斥标书。这样的标书常常引起评标专家的反感，因而导致技术标严重失分。

（2）全面性。如前面评标办法介绍的，对技术标的评分标准一般分为许多项目，这些项目都分别被赋予一定的评分分值。这就意味着，这些项目不能发生缺项，一旦发生缺项，该项目就可能被评为零分，这样中标概率将会大大降低。

另外，对一般项目而言，评标的时间往往有限，评标专家没有时间对技术标进行深入的分析。因此，只要有关内容齐全，且无明显的低级错误或理论上的错误，技术标一般不会扣很多分。所以，对一般工程来说，技术标内容的全面比内容的深入细致更重要。

（3）先进性。技术标要得高分，一般来说也不容易。没有技术亮点，没有特别吸引招标人的技术方案，是不大可能得高分的。因此，标书编制时，投标人应仔细分析招标人的热衷点，在这些点上采用先进的技术、设备、材料或工艺，使标书对招标人和评标专家产生更强的吸引力。

（4）可行性。技术标的内容最终都是要付诸实践的，因此，技术标应有较强的可行性。为了凸显技术标的先进性，盲目提出不切实际的施工方案、设备计划，都会给今后的具体实施带来困难，甚至导致建设单位或监理工程师提出违约指控。

（5）经济性。投标人参加投标，承揽业务的最终目的都是获取最大的经济利益，而施工方案的经济性，直接关系到投标人的效益，因此必须十分慎重。另外，施工方案也是投标报价的一个重要影响因素，经济合理的施工方案，能降低投标报价，使报价更具竞争力。

3．投标文件的递交

投标人应在招标文件前附表规定的日期内将投标文件递交给招标人。当招标人按招标文件中投标须知规定，延长递交投标文件的截止日期时，投标人要记住新的截止时间，避免因标书的逾期送达而导致废标。

投标人可以在递交投标文件以后，在规定的投标截止时间之前，采用书面形式向招标人递交补充、修改或撤回其投标文件的通知。在投标截止日期以后，不能更改投标文件。投标人的补充、修改或撤回通知，应按招标文件中投标须知的规定编制、密封、签章、标识和递交，并在包封上标明“补充”“修改”或“撤回”字样。补充、修改的内容为投标文件的组成部分。根据投标须知的规定，在投标截止时间与招标文件中规定的投标有效期终止日之间的这段时间内，投标人不能再撤回投标文件，否则其投标保证金将不予退还。

投标人递交投标文件不宜太早，一般在招标文件规定的截止日期前一两天内密封送交指定地点比较好。

（二）投标估价及其依据

投标报价前，投标人首先应根据有关法规、取费标准、市场价格、施工方案等，并考虑到上级企业管理费、风险费用、预计利润和税金等所确定的承揽该项工程的企业水平的价格，进行投标估价。投标估价是承包商生产力水平的真实体现，是确定最终报价的基础。

投标估价的主要依据如下。

1. 招标文件，包括招标答疑文件。

2. 建设工程工程量清单计价规范、预算定额、费用定额以及地方的有关工程造价文件，有条件的企业应尽量采用企业施工定额。

3. 劳动力、材料价格信息，包括由地方造价管理部门发布的造价信息资料。

4. 地质报告、施工图，包括施工图指明的标准图。

5. 施工规范、标准。

6. 施工方案和施工进度计划。

7. 现场踏勘和环境调查所获得的信息。

8. 当采用工程量清单招标时应包括工程量清单。

（三）投标报价的程序

承包工程有总价合同、单价合同、成本加酬金合同等合同形式，不同的合同形式的计算报价是有差别的。报价计算主要步骤如下。

1. 研究招标文件

招标文件是投标的主要依据，承包商在计算标价之前和整个投标报价期间，均应组织参加编制商务标的人员认真细致地阅读招标文件，仔细分析研究，弄清招标文件的要求和报价内容。一般主要应弄清报价范围、取费标准、采用定额、工料机定价方法、技术要求、特殊材料和设备、有效报价区间等。同时，在招标文件研究过程中要注意发现互相矛盾和表述不清的问题等。对这些问题，应及时通过招标预备会或采用书面提问形式，请招标人给予解答。

在投标实践中，报价发生较大偏差甚至造成废标的原因，常见的有两个：其一是造价估算误差太大，其二是没弄清招标文件中有关报价的规定。因此，标书编制以前，全体与投标报价有关的人员都必须反复认真研读招标文件。

2. 现场调查

现场条件是投标人投标报价的重要依据之一。现场调查不全面不细致，很容易造成与现场条件有关的工作内容遗漏或者工程量计算错误。由这种错误所导致的损失，一般是无法在合同的履行中得到补偿的。现场调查一般主要包括以下方面。

（1）自然地理条件。包括施工现场的地理位置，地形、地貌，用地范围，气象、水文情况，地质情况，地震及设防烈度，洪水、台风及其他自然灾害情况等。

（2）市场情况。包括建筑材料和设备、施工机械设备、燃料、动力和生活用品的供应状况、价格水平与变动趋势，劳务市场状况，银行利率和外汇汇率等情况。

对于不同建设地点，由于地理环境和交通条件的差异，价格变化会很大。因此，要准确估算工程造价就必须对这些情况进行详细调查。

（3）施工条件。包括临时设施、生活用地位置和大小，供排水、供电、进场道路、通信设施现状，引接供排水线路、电源、通信线路和道路的条件和距离，附近现有建（构）筑物、地下和空中管线情况，环境对施工的限制等。

这些条件，有的直接关系到临时设施费支出的多少，有的则或因与施工工期有关，或因与施工方案有关，或因涉及技术措施费，从而直接或间接影响工程造价。

（4）其他条件。包括交通运输条件、工地现场附近的治安情况等。

交通条件直接关系到材料和设备的到场价格，对工程造价影响十分显著。治安状况则关系到材料的非生产性损耗，因而也会影响工程成本。

3．编制施工组织设计

施工组织设计包括进度计划和施工方案等内容，是技术标的主要组成部分。

施工组织设计的水平反映了承包商的技术实力，是决定承包商能否中标的主要因素。而且施工进度安排合理与否，施工方案选择是否恰当，都与工程成本、报价有密切关系。一个好的施工组织设计可大大降低标价。因此，在估算工程造价之前，工程技术人员应认真编制好施工组织设计，为准确估算工程造价提供依据。

4．计算或复核工程量

要确定工程造价，首先要根据施工图和施工组织设计计算工程量，并列出工程量表。而当采用工程量清单招标时，需要对工程量清单中的数量进行复核。

工程量的大小是影响投标报价的最直接因素。为确保复核工程量准确，在计算中应注意以下几个方面。

（1）正确进行项目划分，做到与当地定额或单位估价表项目一致。

（2）按一定顺序进行，避免漏算或重算。

（3）以施工图为依据。

（4）结合已定的施工方案或施工方法。

（5）认真复核与检查。

5.确定人工、材料、机械使用单价

工、料、机的单价应通过市场调查或参考当地造价管理部门发布的造价信息确定。而工、料、机的用量尽量根据企业定额确定，无企业定额时，可依据国家或地方颁布的预算定额确定。

6.计算工程直接费

根据分项工程中工、料、机等生产要素的需用量和单价，计算分项工程的直接成本的单价和合价，而后计算出其他直接费、现场经费，最后计算出整个工程的直接费。

7.计算间接费

根据当地的费用定额或企业的实际情况，以直接工程费为基础，计算出工程间接费。

8.估算其他费用

其他费用包括企业管理费、预计利润、税金及风险费用。

9.计算工程总估价

综合工程直接费、间接费、上级企业管理费、风险费用、预计利润和税金形成工程总估价。

10.审核工程估价

（1）单位工程造价。将投标报价折合成单位工程造价，例如房屋工程按平方米造价，铁路、公路按公里造价，铁路桥梁、隧道按每延米造价，公路桥梁按桥面单位面积（桥面面积）造价，水电站按单位装机容量造价等，并将该项目的单位工程造价与类似工程的单位工程造价进行比较，以判定报价水平的高低。

（2）全员劳动生产率。所谓全员劳动生产率是指全体人员每工日的生产价值。一定时期内，企业一定的生产力水平决定了全员劳动生产率水平相对稳定。因而企业在承揽同类工程或机械化水平相近的项目时应具有相近的全员劳动生产率水平。因此，可以此为尺度，将投标工程造价与类似工程造价进行比较，从而判断造价的正确性。

（3）单位工程消耗指标。各类建筑工程每平方米建筑面积所需的劳动力和各种材料的数量均有一个合理的指标。因而将投标项目的单位工程用工、用料水平与经验指标相比，也能判断其造价是否处于合理的水平。

（4）分项工程造价比例。一个单位工程是由很多分项工程构成的，它们在工程造价中都有一个合理的大体比例，承包商可通过投标项目的各分项工程造价的比例与同类工程的统计数据相比较，从而判断造价估算的准确性。

（5）各类费用的比例。任何一个工程的费用都是由人工费、材料费、施工机械费、设备费、间接费等各类费用组成的，它们之间都应有一个合理的比例。将投标工程造价中的各类费用比例与同类工程的统计数据进行比较，也能判断估算造价的正确性和合理性。

（6）预测成本比较。若承包商曾对企业在同一地区的同类工程报价进行积累和统计，则还可以采用线性规划、概率统计等预测方法进行计算，计算出投标项目造价的预测值。将造价估算值与预测值进行比较，也是衡量造价估算正确性和合理性的一种有效方法。

（7）扩大系数估算法。根据企业以往的施工实际成本统计资料，采用扩大系数估算投标工程的造价，是在掌握工程实施经验和资料的基础上的一种估价方法。其结果比较接近实际，尤其是在采用其他宏观指标对工程报价难以校准的情况下，本方法更具优势。扩大系数估算法，属宏观审核工程报价的一种手段。不能以此代替详细的报价资料，报价时仍应按招标文件的要求详细计算。

（8）企业内部定额估价法。根据企业的施工经验，确定企业在不同类型的工程项目施工中的工、料、机等的消耗水平，形成企业内部定额，并以此为基础计算工程估价。此方法不但是核查报价准确性的重要手段，也是企业内部承包管理、提高经营管理水平的重要方法。

11．确定报价策略和投标技巧

根据投标目标、项目特点、竞争形势等，在采用前述的报价决策的基础上，具体确定报价策略和投标技巧。

12. 最终确定投标报价

根据已确定的报价策略和投标技巧对估算造价进行调整，最终确定投标报价。

第三节 开标程序与评标定标

一、开标程序分析

（一）开标活动

1. 开标时间、地点、参会人员

招标单位应在前附表规定的开标时间和地点举行开标会议，投标单位的法人代表或授权的代表应签名报到，以证明出席开标会议。投标人的法定代表人或其委托代理人未参加开标会的，招标人可将其投标文件按无效标处理。

时间：投标人须知前附表规定的投标截止时间。

地点：投标人须知前附表规定的地点，如水利公共资源交易市场开标大厅。

参会人员：招标人、投标人、招标代理机构、建设行政主管部门及监督机构等。

2. 投标保证金的形式

开标会议在招标管理机构监督下，由招标单位组织主持，对投标文件开封并进行检查，确定投标文件内容是否完整和按顺序编制、是否提供了投标保证金、文件签署是否正确。按规定提交合格撤回通知的投标文件不予开封。

投标保证金的形式包括现金、银行汇票、银行本票、支票、投标保函。根据《工程建设项目施工招标投标办法》第三十七条规定：投标保证金一般不得超过投标总价的百分之二，但最高不得超过八十万元人民币。

3. 投标文件有下列情形之一的，招标人不予受理

（1）逾期送达的或者未送达指定地点的。

（2）未按招标文件要求密封的。

（3）未经法定代表人签署或未盖投标单位公章或未盖法定代表人印鉴的。

（4）未按规定格式填写，内容不全或字迹模糊、辨认不清的。

（5）投标单位未参加开标会议。

4. 投标文件有下列情形之一的，由评标委员会初审后按废标处理

（1）无单位盖章并无法定代表人或法定代表人授权的代理人签字或盖章。

（2）未按规定的格式填写，内容不全或关键字迹模糊、无法辨认的。

（3）投标人递交两份或多份内容不同的投标文件，或在一份投标文件中对同一招标项目报有两个或多个报价，且未声明哪一个有效，按招标文件规定提交备选投标方案的除外。

（4）投标人名称或组织结构与资格预审时不一致的。

（5）未按招标文件要求提交投标保证金的。

（6）联合体投标未附联合体各方共同投标协议的。

（二）开标程序

主持人按下列程序进行开标。

1. 宣布开标纪律。

2. 公布在投标截止时间前递交投标文件的投标人名称，并确认投标人法定代表人或其委托代理人是否在场。

3. 宣布主持人、开标人、唱标人、记录人、监标人等有关人员姓名。

4. 除投标人须知前附表另有约定外，由投标人推荐的代表检查投标文件的密封情况。

5. 宣布投标文件开启顺序：按递交投标文件的先后顺序的逆序。

6. 设有标底的，公布标底。

7. 按照宣布的开标顺序当众开标，公布投标人名称、标段名称、投标保证金的递交情况、投标报价、质量目标、工期及其他招标文件规定开标时公布的内容，并进行文字记录。

8. 主持人、开标人、唱标人、记录人、监标人、投标人的法定代表人或其委托代理人等有关人员在开标记录上签字确认。

9. 开标结束。

二、评标与定标

招标评标的方法和标准有多种，根据招标项目的具体情况可采用的主要方法

包括：最低投标价法、综合评估法、二阶段评标法、合理最低投标价法、综合评议法（包括寿命期费用评标价法），以及法律、行政法规允许的其他评标方法。水利项目招标评标常采用的方法主要有最低投标价法、综合评估法和二阶段评标法三种。

（一）最低投标价法

最低投标价法一般适用于具有通用技术、性能标准或者招标人对其技术、性能标准没特殊要求的招标项目。评标办法前附表由招标人根据招标项目具体特点和实际需要编制，用于进一步明确未尽事宜，但务必与招标文件中其他章节相衔接，并不得与标准文件的内容相抵触，否则抵触内容无效。

1. 评标方法

（1）评审比较的原则。最低投标价法是以投标报价为基数，考量其他因素形成评审价格，对投标文件进行评价的一种评标方法。评标委员会对满足招标文件实质要求的投标文件，根据详细评审标准规定的量化因素及量化标准进行价格折算，按照经评审的投标价由低到高的顺序推荐中标候选人，或根据招标人授权直接确定中标人，但投标报价低于其成本的除外，并且中标人的投标应当能够满足招标文件的实质性要求。经评审的投标价相等时，投标报价低的优先，投标报价也相等的，由招标人自行确定。

（2）最低投标价法的基本步骤。首先按照初步评审标准对投标文件进行初步评审，然后依据详细评审标准对通过初步审查的投标文件进行价格折算，确定其评审价格，再按照由低到高的顺序推荐1～3名中标候选人或根据招标人的授权直接确定中标人。

2. 评审标准

（1）初步评审标准。根据《标准施工招标文件》的规定，投标初步评审为形式评审、资格评审、响应性评审、施工组织设计和项目管理机构评审标准四个方面。

第一，形式评审标准。形式评审的因素一般包括投标人的名称、投标函的签字盖章、投标文件的格式、联合体投标人、投标报价的唯一性、其他评审因素等。审查、评审标准应当具体明了，具有可操作性。比如，申请人名称应当与营业执照、资质证书以及安全生产许可证等一致；申请函签字盖章应当由法定代表人或其委托代理人签字或加盖单位公章；等等。

第二，资格评审标准。资格评审的因素一般包括营业执照、安全生产许可证、资质等级、财务状况、类似项目业绩、信誉、项目经理、其他要求、联合体投标人等。该部分内容分为以下两种情况。

未进行资格预审的。评审标准须与投标人须知前附表中对投标人资质、财务、业绩、信誉、项目经理的要求以及其他要求一致，招标人要特别注意在投标人须知中补充和细化的要求，应体现出来。

已进行资格预审的。评审标准须与资格预审文件资格审查办法详细审查标准保持一致。在递交资格预审申请文件后、投标截止时间前发生可能影响其资格条件或履约能力的新情况，应按照招标文件中投标人须知的规定提交更新或补充资料。

第三，响应性评审标准。响应性评审的因素一般包括投标内容、工期、工程质量、投标有效期、投标保证金、权利义务、已标价工程量清单、技术标准和要求等。

第四，施工组织设计和项目管理机构评审标准。施工组织设计和项目管理机构评审的因素一般包括施工方案与技术措施、质量管理体系与措施、安全管理体系与措施、环境保护管理体系与措施、工程进度计划与措施、资源配备计划、技术负责人、其他主要人员、施工设备、试验和检测仪器设备等。

（2）详细评审标准。详细评审的因素一般包括单价遗漏、付款条件等。

详细评审标准对规定的量化因素和量化标准是列举性的，并没有包括所有量化因素和标准，招标人应根据项目具体特点和实际需要，进一步删减、补充或细化。例如，增加算数性错误修正量化因素，即根据招标文件的规定对投标报价进行算数性错误修正。还可以增加投标报价的合理性量化因素，即根据本招标文件的规定和对投标报价的合理性进行评审。除此之外，还可以增加合理化建议量化因素，即技术建议可能带来的实际经济效益，按预定的比例折算后，在投标价内减去该值。

3.评标程序

（1）初步评审。第一，对于未进行资格预审的，评标委员会可以要求投标人提交规定的有关证明以便核验。评标委员会依据上述标准对投标文件进行初步评审，有一项不符合评审标准的，应否决其投标。

对于已进行资格预审的，评标委员会依据评标办法中规定的评审标准对投标文件进行初步评审。有一项不符合评审标准的，应否决其投标。当投标人资格预审申请文件的内容发生重大变化时，评标委员会依据评标办法中规定的标准对其更新资料进行评审。

第二，投标报价有算术错误的，评标委员会按以下原则对投标报价进行修正，修正的价格经投标人书面确认具有约束力。投标人不接受修正价格的，应当否决该投标人的投标。

①投标文件中的大写金额与小写金额不一致的，以大写金额为准。

②总价金额与依据单价计算出的结果不一致的，以单价金额为准修正总价，但单价金额小数点有明显错误的除外。

（2）详细评审。第一，评标委员会依据本评标办法中详细评审标准规定的量化因素和标准进行价格折算，计算出评标价，并编制价格比较一览表。

第二，评标委员会发现投标人的报价明显低于其他投标报价，或者在设有标底时明显低于标底，使得其投标报价可能低于其成本的，应当要求该投标人作出书面说明并提供相应的证明材料。投标人不能合理说明或者不能提供相应证明材料的，由评标委员会认定该投标人以低于成本报价竞争，否决其投标。

（3）投标文件的澄清和修正。第一，在评标过程中，评标委员会可以书面形式要求投标人对所提交的投标文件中不明确的内容进行书面澄清或说明，或者对细微偏差进行修正。评标委员会不接受投标人主动提出的澄清、说明或修正。

第二，澄清、说明和修正不得改变投标文件的实质性内容（算术性错误修正的除外）。投标人的书面澄清、说明和修正属于投标文件的组成部分。

第三，评标委员会对投标人提交的澄清、说明或修正有疑问的，可以要求投标人进一步澄清、说明或修正，直至满足评标委员会的要求。

（二）综合评估法

1. 概述

所谓综合评估法，就是在评标过程中，根据招标文件中的规定，将投标单位的（经济）报价因素、技术因素、商务因素等方面进行全面综合考察，推荐最大限度地满足招标文件中规定的各项评价标准的投标单位为中标候选人的一种评标方法。

衡量投标文件是否最大限度地满足招标文件中规定的各项评价标准，可以采取折算为货币的方法、打分的方法或者其他方法。常采用打分的方法进行量化，需量化的因素及其权重应当在招标文件中明确规定。

水利项目招标评标，特别是大型项目，无论是勘察设计、建设监理，还是土建施工、重要设备材料采购、科技项目、项目法人、代建单位、设计施工总承包等招标，大多采用综合评估法。可以说，综合评估法是大型和复杂工程和服务招标普遍采用的一种评标方法，在水利项目招标评标中占有重要地位，但如何科学、公正、公平地设置各种评标因素和评审标准，也是值得研究的重要课题。综合评估法一般采用百分制评分，列入评标项目的技术、报价、商务等因素的每一项赋予一定的评分标准值，然后将各评委的评分根据评标办法的规定进行汇总统计，以综合评分得分高低顺序推荐第一、第二、第三中标候选人。

2. 应用综合评估法需注意的问题

（1）综合评估法主要适用于大中型水利工程，技术复杂的其他项目招标，项目需要综合考虑投标人的技术经济、资源资金、商务资信等因素的服务招标等。对于技术要求较低或具有通用技术标准的项目，不宜采用综合评估法。

（2）综合评估法使用的关键之一是如何合理确定各评标因素的权重。应用综合评估法时，应注意结合项目实际和市场竞争程度，在咨询专家和参考类似项目的基础上确定各评标因素的权重。一般来说，技术工艺复杂、技术质量要求高的项目应在技术因素方面设置较大的权重，相应降低报价因素的权重；对于服务招标，如项目管理、科技、勘察、设计、监理、咨询等招标更应该注重技术方案、实力、资信和经验的因素。

（3）对于技术要求和质量要求较高的项目，除在评标因素权重方面考虑外，还可以对某些技术指控因素设置合格标准或最低要求，规定投标人的该项技术指标因素达不到要求时，可以就此判定其技术不合格而判定其整个投标不合格，但这类规定一定要在招标文件上明确规定，对所有投标人一视同仁。

（4）综合评估法一般应设置最高限价，对于公益性水利工程和采用财政性资金的项目招标，最高限价以国家批准的概算或国家有关限额规定为基础确定最高限价。是否规定最低限价则根据项目实际和市场竞争等因素来确定。

（5）采用综合评估法评标，在进行评标专家的抽取或确定时，应保证有技术方面和造价经济方面的专家参加评标，不能仅抽取技术专家或造价经济专家，必须根据项目涉及的专业技术因素和报价比重等因素确定技术专家与造价经济专家的比例和具体数量。无论如何，采用综合评估法时不能没有造价经济方面的专家参加评标。

（6）采用综合评估法时，招标文件中应明确规定，评标委员会评标时首先应根据招标文件和评标办法的有关规定对各投标人的标书进行有效性评审，凡无效的标书就不应该再进行技术经济评审了。

（7）采用综合评估法时，必须明确定标条件和排名规定，一般应规定综合评估分数最高的为第一名，依次类推；评标报告也必须推荐或确定第一、第二、第三名候选人。对于使用国有资金的项目，建议直接授权评标委员会确定中标人。

（三）二阶段评标法

二阶段评标法，即在投标时承包者将技术标与商务标分两袋密封包装，评标时先评技术标，技术标通过者，则打开其商务标进行综合评定；技术标未通过者，商务标原封不动地退还给投标人。

虽然评标分为两个阶段进行，但二者又是不可分割的整体，如何在技术水平与价格之间权衡，通过评标选出满意的承包者，主要体现在依据工程项目特点合理地划分各评价要素的权重。一般情况下，对于设计、监理等类招标，其评标标准主要侧重于能力和技术内容，报价只是次要因素，因此，技术评审的权重占比例大，一般在70%～90%，财务评审的权重占比例小，一般在10%～30%。

为了保证对技术部分的评审能够客观、公正、全面，评标委员会一般采用打分法评标，用量化考察每个投标人的各项素质，以累计得分评价其综合能力。

对于报价只是次要因素且无标底折项目招标，财务部分的评审一般不打分，只考察是否合理，当认为财务部分基本合格后，以其报价金额参与计分，通常的做法是以技术部分评审合格标书中的最低报价为基数，将各合格投标的实际报价与其相对值换算成报价折算分，即

报价折算分=合格投标文件的最低报价/各家自身报价×100%

第三章　水利工程基础设施管理

第一节　堤防管理与水闸管理

一、堤防管理

（一）堤防的工作条件

堤防是一种适应性很强，利用坝址附近的松散土料填筑、碾压而成的挡水建筑物。其工作条件如下。

1．抗剪强度低。由于堤防挡水的坝体是松散土料压实填成的，故抗剪强度低，易发生坍塌、失稳滑动、开裂等破坏。

2．挡水材料透水。坝体材料透水，易产生渗漏破坏。

3．受自然因素影响大。堤防在地震、冰冻、风吹、日晒、雨淋等自然因素作用下，易发生沉降、风化、干裂、冲刷、渗流侵蚀等破坏，故工作中应尊重自然规律，严格按照运行规律进行管理。

（二）堤防的检查

1．经常检查。堤防的经常性检查是由管理单位指定有经验的专职人员对工程进行的例行检查，并需填写有关检查记录。此种检查原则上每月至少应进行1～2次。检查内容主要包括以下几个方面。

（1）检查坝体有无裂缝。检查的重点应是坝体与岸坡的连接部位、异性材料的接合部位、河谷形状的突变部位、坝体土料的变化部位、填土质量较差的部位、冬季施工的坝段等部位。如果发现裂缝，应检查裂缝的位置、宽度、方向和错距，并跟踪记录，观测其发展情况。对于横向裂缝，应检查贯穿的深度、位置，是否形成或将要形成漏水通道；对于纵向裂缝，应检查是否形成向上游或向下游的圆弧形，有无滑坡的迹象。

（2）检查下游坝坡有无散浸和集中渗流现象，渗流是清水还是浑水；在坝体与两岸接头部位和坝体与刚性建筑物连接部位有无集中渗流现象；坝脚和坝基渗流出逸处有无管涌、流土和沼泽化现象；埋设在坝体内的管道出口附近有无异常渗流或形成漏水通道，检查渗流量有无变化。

（3）检查上下游坝坡有无滑坡、上部坍塌、下部塌陷和隆起现象。

（4）检查护坡是否完好，有无松动、塌陷、垫层流失、石块架空、翻起等现象；草皮护坡有无损坏或局部缺草，坝面有无冲沟等情况。

（5）检查坝体上和库区周围排水沟、截水沟、集水井等排水设备有无损坏、裂缝、漏水或被土石块、杂草等阻塞。

（6）检查防浪墙有无裂缝、变形、沉陷和倾斜等；坝顶路面有无坑洼，坝顶排水是否畅通，坝轴线有无位移或沉降，测桩是否损坏等。

（7）检查坝体有无动物洞穴，是否有害虫、害兽的活动迹象。

（8）对水质、水位、环境污染源等进行检查观测，对堤防量水堰的设备、测压管设备进行检查。

对每次检查出的问题应及时研究分析，并确定妥善的处理措施。有关情况要记录存档，以备检索。

2．定期检查。定期检查是在每年汛前、汛后和大量用水期前后组织一定力量对工程进行的全面性检查。检查的主要内容有以下几个方面。

（1）检查溢洪道的实际过水能力。对不能安全运行，洪水标准低的堤防，要检查是否按规定的汛期限制水位运行。如果出现较大洪水，有没有切实可行的保坝措施，并是否落实。

（2）检查坝址处、溢洪道岸坡或库区及水库沿岸有无危及坝体安全的滑坡、塌方等情况。

（3）坝前淤积严重的坝体，要检查淤积库容的增加对坝体安全和效益所带来的危害。特别要复核抗洪能力，以及采取哪些相应措施，以免发生洪水漫坝的危险。

（4）检查溢洪道出口段回水是否可能冲淹坝脚，影响坝体安全。

（5）对坝下涵管进行检查。

（6）检查掌握水库汛期的蓄水和水位变化情况，严格按照规定的安全水位运用，不能超负荷运行。放水期注意控制放水流量，以防库区水位骤降等因素影响坝体安全。

3．特别检查。特别检查是当工程发生严重破坏现象或有重大疑点时，组织专门力量进行检查。通常在发生特大洪水、暴雨、强烈地震、工程非常规运用等情况时进行。

4．安全鉴定。工程建成后，在运用头三年至五年内须对工程进行一次全面鉴定，以后每隔六年至十年进行一次。安全鉴定应由主管部门组织，由管理、设计、施工、科研等单位及有关专业人员共同参加。

（三）堤防的养护修理

堤防的养护修理应本着“经常养护，随时维修，养重于修，修重于抢”的原则进行，一般可分为经常性养护维修、岁修、大修和抢修。经常性的养护维修是根据检查发现的问题而进行的日常保养维护和局部修补，以保持工程的完整性。岁修一般是在每年汛后进行，属全面的检查维修。大修是指工程损坏较大时所作的修复。大修一般技术复杂，可邀请有关设计、科研及施工单位共同研究修复方案。抢修又称为“抢险”，当工程发生事故，危及整个工程安全及下游人民生命财产的安全时，应立即组织力量抢修。

堤防的养护修理工作主要包括下列内容。

1．在坝面上不得种植树木和农作物，不得放牧、铲草皮、搬动护坡和导渗设施的砂石材料等。

2．堤防坝顶应保持平整，不得有坑洼，并具有一定的排水坡度，以免积水。坝顶路面应经常养护，如有损坏应及时修复和加固。防浪墙和坝肩的路缘石、栏杆、台阶等如有损坏应及时修复。坝顶上的灯柱如有歪斜，线路和照明设备损坏，应及时调整和修补。

3．坝顶、坝坡和戗台上不得大量堆放物料和重物，以免引起不均匀沉陷或局部塌滑。坝面不得作为码头停靠船只和装卸货物，船只在坝坡附近不得高速行驶。坝前靠近坝坡如有较大的漂浮物和树木应及时打捞。

4．在距坝顶或坝的上下游一定的安全距离内，不得任意挖坑、取土、打井和爆破，禁止在水库内炸鱼等对工程有害的活动。

5．对堤防上下游及附近的护坡应经常进行养护，如发现护坡石块有松动、翻动和滚动等现象，以及反滤层、垫层有流失现象，应及时修复。如果护坡石块的尺寸过小，难以抵抗风浪的淘刷，可在石块间部分缝隙中充填水泥砂浆或用水泥砂浆勾缝，以增强其抵抗能力。混凝土护坡伸缩缝内的填充料如有流失，应将伸缩缝冲洗干净后按原设计补充填料，草皮护坡如有局部损坏，应在适当的季节补植或更换新草皮。

6．堤防与岸坡连接处应设置排水沟，两岸山坡上应设置截水沟，将雨水或山坡上的渗水排至下游，防止冲刷坝坡和坝脚。坝面排水系统应保持完好，畅通无阻，如有淤积、堵塞和损坏，应及时清除和修复。维护坝体滤水设施和坝后减压设施的正常运用，防止下游浑水倒灌或回流冲刷，以保持其反滤和排渗能力。

7．堤防如果有减压井，井口应高于地面，防止地表水倒灌。如果减压井因淤积而影响减压效果，应及时采取掏淤、洗井、抽水的方法使其恢复正常。如减压井已损坏并无法修复，可将原减压井用滤料填实，另打新井。

8．坝体、坝基、两岸绕渗及坝端接触渗漏不正常时，常用的处理方法是上游设防堵截，坝体钻孔灌浆，以及下游用滤土导渗等。对岩石坝基渗漏可以用帷幕灌浆的方法处理。

9．坝体裂缝，应根据不同的情况，分别采取措施进行处理。

10．对坝体的滑坡处理，应根据其产生的原因、部位、大小、坝型、严重程度及水库内水位高低等情况，进行具体分析，采取适当措施。

11．在水库的管理过程中，应正确控制水库水位的降落速度，以免因水位骤降而引起滑坡。对于坝上游布置有铺盖的堤防，水库一般不能放空，以防铺盖干裂或冻裂。

12．如发现堤防坝体上有兽洞、蚁穴，应设法捕捉害兽和灭杀白蚁，并对兽洞和蚁穴进行适当处理。

13．坝体、坝基及坝面的各种观测设备和各种观测仪器应妥善保护，以保证各种设备能及时准确和正常地进行各种观测。

14．保持整个坝体干净、整齐，无杂草和灌木丛，无废弃物和污染物，无对坝体有害的隐患及影响因素，做好大坝的安全保卫工作。

二、水闸管理

（一）水闸检查

1．水闸检查的周期。检查可分为经常检查、定期检查、特别检查和安全鉴定四类。

（1）经常检查。用眼看、耳听、手摸等方法对水闸的闸门、启闭机、机电设备、通信设备、管理范围内的河道、堤防和水流形态等进行检查。经常检查应指定专人按岗位职责分工进行。经常检查的周期按规定一般为每月不少于一次，但也应根据工程的不同情况另行规定。重要部位每月可以检查多次，次要部位或不易损坏的部位每月可只检查一次；在排泄较大流量，出现较高水位及汛期每月可检查多次，在非汛期可减少检查次数。

（2）定期检查。一般指每年的汛前、汛后、用水期前后、冰冻期（指北方）的检查，每年的定期检查应为4～6次。根据不同地区汛期到来的时间确定检查时间，如华北地区可安排3月上旬、5月下旬、7月、9月底、12月底、用水期前后6次。

（3）特别检查。水闸经过特殊运用之后的检查，如特大洪水超标准运用、暴风雨、风暴潮、强烈地震和发生重大工程事故之后。

（4）安全鉴定。应每隔15～20年进行一次，可以在上级主管部门的主持下进行。

2．水闸检查内容。对水闸工程的重要部位和薄弱部位及易发生问题的部位，要特别注意检查观测。检查的主要内容如下。

（1）水闸墙背与干堤连接段有无渗漏迹象。

（2）砌石护坡有无坍塌、松动、隆起、底部掏空、垫层散失，砌石挡土墙有无倾斜、位移（水平或垂直）、勾缝脱落等现象。

（3）混凝土建筑物有无裂缝、腐蚀、磨损、剥蚀露筋；伸缩缝止水有无损坏、漏水；门槽、门槛的预埋件有无损坏。

（4）闸门有无表面涂层剥落、门体变形、锈蚀、焊缝开裂或螺栓、铆钉松动；支承行走机构是否运转灵活、止水装置是否完好，开度指示器、门槽等能否正常工作等。

（5）启闭机械是否运转灵活，制动准确，有无腐蚀和异常声响；钢丝绳有无断丝、磨损、锈蚀、接头不牢、变形；零部件有无缺损、裂纹、磨损及螺杆有无弯曲变形；油压机油路是否通畅，油量、油质是否合乎规定要求，调控装置及指示仪表是否正常，油泵、油管系统是否漏油。备用电源及手动启闭是否可靠。

（6）机电及防雷设备、线路是否正常，接头是否牢固，安全保护装置动作是否准确可靠，指示仪表指示是否正确，备用电源是否完好可靠，照明、通信系统是否完好。

（7）进、出闸水流是否平顺，有无折冲水流或波状水跃等不良流态。

（二）水闸养护

1. 建筑物土工部分的养护

对于土工建筑物的雨淋沟、浪窝、塌陷以及水流冲刷部分，应立即进行检修。当土工建筑物发生渗漏、管涌时，一般采用上游堵截渗漏、下游反滤导渗的方法进行及时处理。当发现土工建筑物发生裂缝、滑坡，应立即分析原因，根据情况可采用开挖回填或灌浆方法处理，但滑坡裂缝不宜采用灌浆方法处理。对于隐患，如蚁穴兽洞、深层裂缝等，应采用灌浆或开挖回填处理。

2. 砌石设施的养护

对干砌块石护坡、护底和挡土墙，如有塌陷、隆起、错动时，要及时整修，必要时，应予更换或灌浆处理。

对浆砌块石结构，如有塌陷、隆起，应重新翻砌，无垫层或垫层失效的均应补设或整修。遇有勾缝脱落或开裂，应冲洗干净后重新勾缝。浆砌石岸墙、挡土墙有倾覆或滑动迹象时，可采取降低墙后填土高度或增加拉撑等办法予以处理。

3. 混凝土及钢筋混凝土设施的养护

混凝土的表面应保持清洁完好，对苔藓、蚧贝等附着生物应定期清除。对混凝土表面出现的剥落或机械损坏问题，可根据缺陷情况采用相应的砂浆或混凝土进行修补。

对于混凝土裂缝，应分析原因及其对建筑物的影响，拟定修补措施。裂缝的修补方法参阅项目三有关内容。

水闸上、下游，特别是底板、闸门槽、消力池内的砂石，应定期清理打捞，以防止产生严重磨损。

伸缩缝填料如有流失，应及时填充，止水片损坏时，应凿槽修补或采取其他有效措施修复。

4. 其他设施的养护

禁止在交通桥上和翼墙侧堆放砂石料等重物，禁止各种船只停靠在泄水孔附近，禁止在附近爆破。

（三）水闸的控制运用

水闸控制运用又称“水闸调度”，水闸调度的依据是：①规划设计中确定的运用指标；②实时的水文、气象情报、预报；③水闸本身及上下游河道的情况和过流能力；④经过批准的年度控制运用计划和上级的调度指令。在水闸调度中需要正确处理除水害与兴水利之间的矛盾，以及城乡用水、航运、放筏、水产、发电、冲淤、改善环境等有关方面的利害关系。在汛期，要在上级防汛指挥部门的领导下，做好防汛、防台、防潮工作。在水闸运用中，闸门的启闭操作是关键，要求控制过闸流量，时间准确及时，保证工程和操作人员的安全，防止闸门受漂浮物的冲击以及高速水流的冲刷而破坏。

为了改进水闸运用操作技术，需要积极开展有关科学研究和技术革新工作，如改进雨情、水情等各类信息的处理手段；率定水闸上下游水位、闸门开度与实际过闸流量之间的关系；改进水闸调度的通信系统；改善闸门启闭操作系统；装置必要的闸门遥控、自动化设备。

（四）水闸的工程管理

水闸常见的安全问题和破坏现象有：在关闸挡水时，闸室的抗滑稳定；地基及两岸土体的渗透破坏；水闸软基的过量沉陷或不均匀沉陷；开闸放水时下游连接段及河床的冲刷；水闸上、下游的泥沙淤积；闸门启闭失灵；金属结构锈蚀；混凝土结构破坏、老化等。针对这些问题，需要在运用管理中做好检查观测、养护修理工作。

水闸的检查观测是为了经常了解水闸各部位的技术状况，从而分析判断工程安全情况和承担任务的能力。工程检查可分为经常检查、定期检查、特别检查与安全鉴定。水闸的观测要按设计要求和技术规范进行，主要观测项目有水闸上、下游水位，过闸流量，上、下游河床变形等。

对于水闸的土石方、混凝土结构、闸门、启闭机、动力设备、通信照明及其他附属设施，都要进行经常性的养护，发现缺陷及时修理。按照工作量大小和技术复杂程度，养护修理工作可分为四种，即经常性养护维修、岁修、大修和抢修。经常性养护维修是保持工程设备完整清洁的日常工作，按照规章制度、技术规范进行；岁修是指每年汛后针对较大缺陷，按照所编制的年度岁修计划进行的工程整修和局部改善工作；大修是指工程发生较大损坏后而进行的修复工作和陈旧设备的更换工作，一般工作量较大，技术比较复杂；抢修是指在工程重要部位出现险情时进行的紧急抢救工作。

为了提高工程管理水平，需要不断改进观测技术，完善观测设备和提高观测精度；研究采用各种养护修理的新技术、新设备、新材料、新工艺。随着工程的逐年老化，要研究采用增强工程耐久性和进行加固的新技术，延长水闸的使用年限。

第二节　土石坝监测与混凝土坝渗流监测

一、土石坝监测

（一）测压管法测定土石坝浸润线

测压管法是在坝体选择有代表性的横断面，埋设适当数量的测压管，通过测量测压管中的水位来获得浸润线位置的一种方法。

1.测压管布置

土石坝浸润线观测的测点应根据水库的重要性和规模大小、土坝类型、断面型式、坝基地质情况以及防渗、排水结构等进行布置。一般选择有代表性、能反映主要渗流情况以及预计有可能出现异常渗流的横断面，作为浸润线观测断面。例如，选择最大坝高、老河床、合龙段以及地质情况复杂的横断面。在设计时进行浸润线计算的断面，最好也作为观测断面，以便与设计进行比较。横断面间距一般为100～200 m，如果坝体较长、断面情况大体相同，可以适当增大间距。对于一般大型和重要的中型水库，浸润线观测断面应不少于3个，一般中型水库应不少于2个。

每个横断面内测点的数量和位置，以能使观测成果如实地反映出断面内浸润线的几何形状及其变化，并能描绘出坝体各组成部位如防渗排水体、反滤层等处的渗流状况为准。要求每个横断面内的测压管数量不少于3根。

2.测压管的结构

测压管长期埋设在坝体内，要求管材经久耐用。常用的有金属管、塑料管和无砂混凝土管。无论哪种测压管均由进水管、导管和管口保护设备三部分组成。

（1）进水管。常用的进水管直径为38～50 mm，下端封口，进水管壁钻有足够数量的进水孔。对埋设于黏性土中的进水管，开孔率为15%左右；对砂性土，开孔率为20%左右。孔径一般为6 mm左右，沿管周分4～6排，呈梅花形排列。管内壁缘毛刺要打光。

进水管要求能进水且滤土。为防止土粒进入管内，需在管外周包裹两层钢丝布、玻璃丝布或尼龙丝布等不易腐烂变质的过滤层，外面再包扎棕皮等作为第二过滤层，最外边包两层麻布，然后用尼龙绳或铅丝缠绕扎紧。

进水管的长度：对于一般土料与粉细砂，应自设计最高浸润线以上0.5m至最低浸润线以下1 m，对于粗粒土，则不短于3 m。

（2）导管。导管与进水管连接并伸出坝面，连接处应不漏水，其材料和直径与进水管相同，但管壁不钻孔。

（3）管口保护设备。伸出坝面的导管应装设专门的设备加以保护，以保护测压管不受人为破坏，防止雨水、地表水流入测压管内或沿测压管外壁渗入坝体，避免石块和杂物落入管中，堵塞测压管。

3.测压管的安装埋设

测压管一般在土石坝竣工后钻孔埋设，只有水平管段的L形测压管，必须在施工期埋设。首先钻孔，再埋设测压管，最后进行注水试验，以检查是否合格。

（1）钻孔注意事项。

①测压管长度小于10 m的，可用人工取土器钻孔，长度超过10 m的测压管则需用钻机钻孔。

②用人工取土器钻孔前，应将钻头埋入土中一定的深度（0.5 m）后再钻进。若钻进过程中遇有石块确实不易钻动时，应取出钻头，并用钢钎将石块捣碎后再钻。若钻进深度不大时，可更换位置再钻。

③钻机一般在短时间内即能完成钻孔，如短期内不易塌孔，可不下套管，随即埋设测压管。若在沙壤土或沙砾料坝体中钻孔，为防止孔壁坍塌，可先下套管，在埋好测压管后将套管拔出，或者采用管壁钻了小孔的套管，万一套管拔不出来也不会使测压管作废。

④建议钻孔采用麻花钻头干钻，尽量不用循环水冲孔钻进，以免钻孔水压对坝体产生扰动破坏及可能产生裂缝。

⑤钻孔的终孔直径应不小于110 mm，以保证进水段管壁与孔壁之间有一定空隙，能回填洗净的干砂。

（2）埋设测压管注意事项。

①在埋设前对测压管应作细致检查，进水管和导管的尺寸与质量应合乎设计要求，检查后应作记录。管子分段接头可采用接箍或对焊。在焊接时应将管内壁的焊疤打去，以避免由于焊接使管内径缩小，造成测头上下受阻。管子分段连接时，要求管子在全长内保持顺直。

②测压管全部放入钻孔后，进水管段管壁与孔壁之间应回填粒径约为0.2 mm的洗净的干砂。导管段管壁与孔壁之间应回填黏土并夯实，以防雨水沿管外壁渗入。由于管与孔壁之间间隙小，回填松散黏土往往难以达到防水效果，导管外壁与钻孔之间可回填事先制备好的膨胀黏土泥球，直径1 ~ 2 cm，每填1 m，注入适量稀泥浆水，以浸泡黏土球使之散开膨胀，封堵孔壁。

③测压管埋设后，应及时做好管口保护设备，记录埋设过程，绘制结构图，最后将埋设处理情况以及有关影响因素记录在考证表内。

（3）测压管注水试验检查。测压管埋设完毕后，要及时做注水试验，以检验灵敏度是否合格。试验前先量出管中水位，然后向管中注入清水。在一般情况下，土料中的测压管，注入相当于测压管中3 ~ 5 m长体积的水；沙砾料中的测压管，注入相当于测压管中5 ~ 10 m长体积的水。注入后测量水面高程，以后再经过5 min、10 min、15 min、20 min、30 min、60 min后各测量水位一次，以后间隔时间适当延长，测至降到原水位为止。记录测量结果，并绘制水位下降过程线，作为原始资料。对于黏壤土，测压管水位如果5昼夜内降至原来水位，认为是合格的；对于沙壤土，水位 1 昼夜降到原来水位，认为合格；对于沙砾料，如果在12 h内降到原来水位，或灌入相应体积的水而水位升高不到3 ~ 5 m，认为是合格的。

（二）渗流观测资料的整理与分析

1. 土石坝渗流变化规律

土石坝渗流在运用过程中是不断变化的。引起渗流变化的原因，一般有库水位发生变化、坝体的不断固结、坝基沉陷、泥沙产生淤积、土石坝出现病害。其中，前四种原因引起的渗流变化属于正常现象，其变化具有一定的规律性：一是测压管水位和渗流量随库水位的上升而增加，随库水位的下降而减少；二是随着时间的推移，由于坝体固结、坝基沉陷、泥沙淤积等原因，在相同的库水位条件下，渗流观测值趋于减小，最后达到稳定。当土石坝产生坝体裂缝、坝基渗透破坏、防渗或排水设施失效、白蚁等生物破坏或含在土中的某些物质被水溶出等病害时，其渗流就不符合正常渗流规律，出现各种异常渗流现象。

2．坝身测压管资料的整理和分析

（1）绘制测压管水位过程线。以时间为横坐标，以测压管水位为纵坐标，绘制测压管水位过程线。为便于分析相关因素的影响，在过程线图上还应同时绘出上下游水位过程线、雨量分布线。

①测压管水位与库水位有着相应的关系，即测压管水位过程线的起伏（峰、谷）次数大体上与库水位过程线相同。

②测压管水位变化（上升或下降）的时刻，往往比库水位开始变化（上升或下降）的时刻来得晚，两者的时间差一般称为测压管的“滞后时间”。

饱和土体中测压管水位的滞后时间主要取决于测压管容积充水及放水时间。管径越大，管内充水或放水时间越长，滞后时间也越长。为了减小滞后时间，宜选用较小直径的测压管。实际上，坝基测压管水位的滞后时间主要取决于其自身充放水时间。非饱和土体内测压管水位的滞后时间主要是由非饱和土体孔隙充水时间所引起的，远较饱和土体中测压管容积充水时间长。实际上，坝身测压管水位的滞后时间的绝大部分是由非饱和土体充水时间或饱和土体放水时间所引起的。

由于坝身测压管有较明显的滞后时间，因此就不能用同一时刻的上下游水位和管水位进行比较，这就给资料分析带来麻烦，为此，需首先估计“滞后时间”，用以消除对测压管水位的影响。其次，滞后时间的长短也可作为分析坝的渗流状态的一项参考指标。一般来说，密实、透水性弱的坝体滞后时间长，而较松散、土料透水性强的坝体则滞后时间较短。

（2）实测浸润线与设计浸润线对比分析。土坝设计的浸润线都是在固定水位（如正常高水位，设计洪水位）的前提下计算出来的，而在运用中，一般情况下正常高水位或设计洪水位维持时间极短，其他水位也变化频繁。因此，设计水位对应时刻的实测浸润线并非对应于该水位时的浸润线，如果库水位上升达到高水位，则在高水位下的比较往往出现“实测浸润线低于设计浸润线”；相反，用低水位的观测值比较，又会出现“实测浸润线高于设计浸润线”。事实上，只有库水位达到设计库水位并维持才可能直接比较，或者设法消除滞后时间的影响，否则很难说明问题。

（3）测压管水位与库水位相关分析。对于一座已建成的坝，测压管水位只与上下游水位有关，当下游水位基本不变时，可以时间为参数，绘制测压管水位与库水位相关曲线，相关曲线形状有下列几种。

①测压管水位与库水位曲线相关。坝身土料渗透系数较大，滞后时间较短时一般是曲线相关。图中相关曲线逐年向左移动，说明测压管水位逐年下降，渗流条件改善；反之，相关曲线向右移动，则说明渗流条件恶化。

②测压管水位与库水位呈圈套曲线。当坝身土料渗透系数较小时，相关曲线往往呈圈套状，这是由滞后时间造成的。

按时间顺序点绘某一次库水位升降过程（如在一年内）的库水位与测压管水位关系曲线，经过整理就可得出一条顺时针旋转的单圈套曲线。这时对应于相同的库水位就有不同的测压管水位，库水位上升过程对应的测压管水位低，库水位下降过程对于测压管的水位高，这属于正常现象。若出现反时针方向旋转的情况，属于不正常，其资料不能用。

该曲线反映了滞后时间的影响：库水位上升时，测压管水位相应上升，库水位上升至最高值时开始下降，测压管水位由于时间滞后而继续上升，然后才下降。库水位下降至某一高程又开始上升，测压管水位继续下降一段时间后才上升。坝的渗透系数越小，滞后时间越长，圈套的横向幅度越大。

二、混凝土坝渗流监测

（一）混凝土坝压力监测

混凝土坝的筑坝材料不是松散体，不必担心发生流土和管涌，因此坝体内部的渗流压力监测没有土石坝那么重要，除了为监测水平施工缝设置少量渗压计外，一般很少埋设坝体内部渗流压力监测仪器。对于混凝土坝特别是混凝土重力坝而言，大坝是靠自身的重力来维持坝体稳定的，从坝工设计到水库安全管理通常担心坝体与基础接触部位的扬压力，这是因为扬压力的增加等于减少了坝体自身的重量，也减少了坝体的抗滑稳定性。因此，混凝土坝渗流压力监测重点是监测坝体和坝基接触部位的扬压力以及绕坝渗流压力。

1．坝基扬压力监测

混凝土坝坝基扬压力监测的一般要求如下。

（1）坝基扬压力监测断面应根据坝型、规模、坝基地质条件和渗控措施等进行布置。一般设1～2个纵向监测断面，1、2级坝的横向监测断面不少于3个。

（2）纵向监测断面以布置在第一道排水幕线上为宜，每个坝段至少设1个测点；坝基地质条件复杂时，测点应适当增加，遇到强透水带或透水性强的大断层时，可在灌浆帷幕和第一道排水幕之间增设测点。

（3）横向监测断面通常布置在河床坝段、岸坡坝段、地质条件复杂的坝段以及灌浆帷幕转折的坝段。支墩坝的横向监测断面一般设在支墩底部。每个断面设3～4个测点，地质条件复杂时，可适当加密测点。测点通常布置在排水幕线上，必要时可在灌浆帷幕前布少量测点，当下游有帷幕时，在其上游侧也应布置测点，防渗墙或板桩后也要设置测点。

（4）在建基面以下扬压力观测孔的深度不宜大于1 m，深层扬压力观测孔在必要时才设置。扬压力观测孔与排水孔不能相互替代使用。

（5）当坝基浅层存在影响大坝稳定的软弱带时，应增加测点。测压管进水段应埋在软弱带以下0.5～1 m的岩体中，并作好软弱带处进水管外围的止水，以防止下层潜水向上渗漏。

（6）对于地质条件良好的薄拱坝，经论证可少作或不作坝基扬压力监测。

（7）坝基扬压力监测的测压管有单管式和多管式两种，可选用金属管或硬塑料管。进水段必须保证渗漏水顺利地进入管内。当可能发生塌孔或管涌时，应增设反滤装置。管口有压时，安装压力表；管口无压时，安装保护盖，也可在管内安装渗压计。

2．坝基扬压力监测布置

坝基扬压力监测布置通常需要考虑坝的类型、高度坝基地质条件和渗流控制工程特点等因素，一般是在靠近坝基的廊道内设测压管进行监测。纵向（坝轴线方向）通常需要布置1～2个监测断面，横向（垂直坝轴线方向）对于1级或2级坝至少布置3个监测断面。

纵向监测最主要的监测断面通常布置在第一排排水帷幕线上，每个坝段设一个测点；若地质条件复杂，测点数应适当增加，遇大断层或强透水带时，在灌浆帷幕和第一道排水幕之间增设测点。

横向监测断面选择在最高坝段、地质条件复杂的谷岸台地坝段及灌浆帷幕转折的坝段。横断面间距一般为50～100 m。坝体较长、坝体结构和地质条件大体相同，可适当加大横断面间距。横断面上一般设3～4个测点，若地质条件复杂，测点应适当增加。若坝基为透水地基，如沙砾石地基，当采用防渗墙或板桩进行，防渗加固处理时，应在防渗墙或板桩后设测点，以监测防渗处效果。当有下游帷幕时，应在帷幕的上游侧布置测点。另外也可在帷幕前布置测点，进一步监测帷幕的防渗效果。

坝基若有影响大坝稳定的浅层软弱带，应增设测点。如采用测压管监测，测压管的进水管段应设在软弱带以下0.5～1 m的基岩中，同时应作好软弱带导水管段的止水，防止下层潜水向上渗漏。

（二）渗流量监测

当渗流处于稳定状态时，渗流量大小与水头差之间保持固定的关系。当水头差不变而渗流量显著增加或减少时，则意味着渗流出现异常或防渗排水措施失效。因此，渗流量监测对于判断渗流和防渗排水设施是否正常具有重要的意义，是渗流监测的重要项目之一。

1.渗流量监测设计

渗流量监测是渗流监测的重要内容，直观反映了坝体或其他防渗系统的防渗效果，历史上很多失事的大坝也都是先从渗流量突然增加开始的，因此渗流量监测是非常重要的监测项目。

渗流量设施的布置，可根据坝型和坝基地质条件、渗流水的出流和汇集条件等因素确定。对于土石坝，通常在大坝下游能够汇集渗流水的地方设置集水沟和量水设备，集水沟及量水设备应布置在不受泄水建筑物泄洪影响以及坝面和两岸雨水排泄影响的地方。将坝体、坝基排水设施的渗水集中引至集水沟，在集水沟出口进行观测。也可以分区设置集水沟进行观测，最后汇至总集水沟观测总渗流量。混凝土坝渗流量的监测可在大坝下游设集水沟，而坝体渗水由廊道内的排水沟引至排水井或集水井观测渗流量。

2.渗流量监测方法

常用的渗流量监测方法有容积法、量水堰法和测流速法，可根据渗流量的大小和汇集条件选用。

（1）容积法，适用渗流量小于1 L/s的渗流监测。具体监测时，可采用容器（如量筒）对一定时间内的渗水总量进行计量，然后除以时间就能得到单位时间的渗流量。如渗流量较大时，也可采用过磅称重的方法，对渗流量进行计量，同样可求出单位时间内的渗流量。

（2）量水堰法，适用渗流量1～300 L/s时的渗流监测。用水尺量测堰前水位，根据堰顶高程计算出堰上水头H，再由H按量水堰流量公式计算渗流量。量水堰按断面可分为直角三角形堰、梯形堰、矩形堰三种。

（3）测流速法，适用流量大于300 L/s时的渗流监测。将渗流水引入排水沟，只要测量排水沟内的平均流速就能得到渗流量。

（三）绕坝渗流监测

当大坝坝肩岩体的节理裂隙发育，或者存在透水性强的断层、岩溶和堆积层时，会产生较大的绕坝渗流。绕坝渗流不仅影响坝肩岩体的稳定，而且对坝体和坝基的渗流状况也会产生不利影响。因此，对绕坝渗流进行监测是十分必要的。有关规范对绕坝渗流监测的一般规定如下。

1．绕坝渗流监测包括两岸坝端及部分山体、土石坝与岸坡或混凝土建筑物接触面以及防渗齿墙或灌浆帷幕与坝体或两岸接合部等关键部位。绕坝渗流监测的测点应根据枢纽布置、河谷地形、渗控措施和坝肩岩土体的渗透特性进行布置。

2．绕渗监测断面宜沿着渗流方向或渗流较集中的透水层（带）布置，数量一般为2～3个，每个监测断面上布置3～4条观测铅直线（含渗流出口）。如需分层观测时，应做好层间止水。

3．土工建筑物与刚性建筑物接合部的绕渗观测，应在对渗流起控制作用的接触轮廓线处设置观测铅直线，沿接触面不同高程布设观测点。

4．岸坡防渗齿槽和灌浆帷幕的上下游侧应各设1个观测点。

5．绕坝渗流观测的原理和方法与坝体、坝基的渗流观测相同，一般采用测压管或渗压计进行观测，测压管和渗压计应埋设于死水位或筑坝前的地下水位之下。

绕坝渗流的测点布置应根据地形、枢纽布置、渗流控制设施及绕坝渗流区渗透特性而定。在两岸的帷幕后沿流线方向分别布置2～3个监测断面，在每个断面上布置3～4个测点。帷幕前可布置少量测点。

对于层状渗流，可利用不同高程上的平洞布置监测孔，无平洞时，可分别将监测孔钻入各层透水带，至该层天然地下水位以下一定深度，一般为1 m，必要时可在一个孔内埋设多管式测压管，但必须做好上下两测点间的隔水措施，防止层间水相通。

第三节 3S技术应用

水利信息包括水情、雨情信息、汛旱灾情信息、水量水质信息、水环境信息、水工程信息等。为了获取这些信息，水利行业建立了一个庞大的信息监测网络，该网络在水利决策中发挥了重大作用。

3S技术是地理信息系统（GIS）、遥感（RS）和全球定位系统（GPS）的简称。目前，3S在水利行业已广泛应用于防洪减灾、水资源管理、水环境、水土保持等领域之中。

一、3S技术在防洪减灾中的应用

地理信息系统、遥感和全球定位系统技术在防洪、减灾、救灾方面的应用是最广泛的，相对也是最成熟的，其应用几乎覆盖这些工作的全过程。

1.数据采集和信息提取技术在雨情、水情、工情、险情和灾情等方面都能不同程度地发挥作用，在基础地理信息提取方面更是优势明显。

2.在数据与信息的存储、管理和分析方面，目前大多数涉及防洪、减灾和救灾的信息管理系统都已以GIS为平台建设，2000年以后的建设的都是以WebGIS为平台，可以多终端和远程发布、浏览和权限操作，这对防汛工作来讲是至关重要的。

3.水利信息3S高新技术在防汛决策支持方面将起越来越大的作用，这也是应用潜力最大的方面。目前如灾前评估、避险迁安和抢险救灾物资输运路线、气象卫星降雨定量预报。

二、3S技术在水资源实时监控管理中的应用

（一）GIS技术在水资源实时监控管理中的应用

1.空间数据的集成环境

在水资源实时监控系统中不仅包含大量非空间信息，还包含空间信息以及和空间信息相互关联的信息。包括地理背景信息（地形、地貌、行政区划、居民地、交通等），各类测站位置信息（雨量、水文、水质、墒情、地下水等），水资源分析单元（行政单元、流域单元等）、水系（河流、湖泊、水库、渠道等），水利工程分布、各类用水单元（灌区、工厂居民地等）。这些实体均应采用空间数据模型（如点、线、多边形、网络等）来描述。GIS是提供管理空间数

据的强大工具，应用GIS技术对水资源实时监控系统中空间数据的存储、处理和组织。

2．空间分析的工具

采用GIS空间叠加方法可以方便地构造水资源分析单元，将各个要素层在空间上联系起来。同时GIS的空间分析功能还可以进行流域内各类供用水对象的空间关系分析；建立在流域地形信息、遥感影像数据支持下的流域三维虚拟系统，配置各类基础背景信息、水资源实时监控信息，实现流域的可视化管理。

3．构建集成系统的应用

GIS具有很强的系统集成能力，是构成水资源实时监控系统集成的理想环境。GIS具有强大的图形显示能力，需要很少的开发量，就可以实现电子地图显示、放大、缩小、漫游。同时很多GIS软件采用组件化技术，数据库技术和网络技术，使GIS与水资源应用模型、水资源综合数库以及现有的其他系统集成起来。因此，应用GIS来构建水资源实时监控系统可以增强系统的表现力，拓展系统的功能。

（二）RS技术在水资源实时监控管理中的应用

1．提供流域背景信息

运用RS技术可以及时更新水资源，实时监控系统的流域背景信息，如流域的植被状况、水系、大型水利工程、灌区、城市及农村居民点等。这些信息虽然可以从地形图和专题地图中获得，但运用遥感手段可以获取最新的变化信息，以提高系统应用的可靠性。

2．提供水资源实时监测信息

RS是应用装载在一定平台（如卫星）上的传感器来感知地表物体电磁波信息，包括可见光、近红外、热红外、微波等，通过遥感手段可以直接或间接地获取水资源实时监测信息；获取地表水体信息，包括水面面积、水深、浑浊度等；计算土壤含水量；计算地表蒸散发量；计算大气水汽含量等。

3．评估水资源实时监控效果

通过遥感手段可以发现、快速评估水资源实时管理和调度的效果，如调水后地表水体的变化、土壤墒情的变化、天然植被的恢复情况、农作物长势的变化等。

（三）GPS技术在水资源实时监控系统中的应用

GPS在水资源实时监控系统中主要可以应用其定位和导航的作用。如各种测站、监测断面、取水口位置的测量。另外最新采用移动监测技术也应用GPS技术，实时确定监测点的地理坐标，并把监测信息传输到控制中心，控制中心可以运用发回地理坐标确定监测点所在水系、河段及断面位置。这种方式可以大大提高贵重监测仪器（如水质监测仪器）的利用效率，同时也提高了系统灵活反应能力。

三、3S技术在旱情信息管理系统中的应用

（一）农情、墒情和简单气象要素信息的采集

监测内容有统一的规范格式，数据项除了包括站名站号，还主要包含农事信息和墒情信息两部分。农事信息有：观测点种植内容分白地、麦地、棉花、薯类、水稻、玉米、春杂、夏杂等，并对其中两种最主要的面积类型进一步描述，面积比例占第一位的为“作物1”，占第二位的为“作物2”，对这两种主要作物还要描述其生长期，分为播种期、幼苗期、成长期、开花期、黄熟期几个阶段。根据作物受害与否定性分为正常和干旱。根据受害程度分为没有、轻微、中度、严重、绝收五级。土壤的墒情分别测定0.1 m、0.2 m、0.4 m三个不同深度的土壤重量含水百分率，对相应的土壤质地，根据其质地粗细也分为壤土、沙土和黏土，对前期灌溉和降水情况以毫米数表达。在部分点还有地下水埋深（m）的记录，观测内容细致全面。

（二）旱情观测数据的传输与管理

目前全国的旱情信息系统建设水平还很不平衡，在旱情监测信息系统建设比较好的省份，农情和墒情信息能通过公共网络逐旬汇总到省防汛抗旱指挥部门，雨情能实现逐日汇总到省防汛抗旱指挥部门，这些信息通过水利专网可以比较及时地传送到国家防汛抗旱总指挥部办公室的全国旱情管理信息系统中，但在一些经济和技术条件相对落后的省份，只能做到逐旬汇总上报概略的受旱面积和旱灾程度评价意见。

（三）旱情监测与墒情预报信息系统研究进展

近年也有学者开展了旱情监测与墒情预报研究，将逐旬定点观测的墒情作为旬观测修正基准，依据逐日气象条件、灌溉情况估算的土壤流失或补墒过程，将

当前墒情作为判断旱情状况的依据。

（四）抗旱决策支持与抗旱效果评估

将现代化的空间遥感技术、地理信息系统技术、全球定位系统技术与现代通信技术集成为一个完整的干旱的监测，快速评估和预警系统，可以实现遥感信息的多时相采集和墒情信息采集的空间定位，通过现状数据和历史数据的分析对比，能够提出对旱情的评估意见，依托丰富的信息表达手段完成会商决策支持。通过对抗旱措施的跳跃监测，使抗旱效果灵敏地得到反映，方便管理部门的决策。

四、3S技术在水环境信息管理系统中的应用

从整体结构来讲，水环境信息管理系统主要包括三个方面：水环境信息数据库、水环境信息数据库的维护以及水环境信息的网络发布。水环境信息中有大量的空间信息，这样，GIS技术在水环境信息系统中便发挥了独特的功能，包括图形库的采集、编辑、管理、维护、空间分析以及WEB发布等。

从数据内容划分，水环境信息系统中的信息主要包括水质监测站信息、水质标准与指标信息、水质动态监测数据、水质综合评价数据、水质特征值统计数据、背景信息及其他信息等方面；从数据的格式分，包括空间图形数据与非图形数据，空间图形数据一般以GIS格式存储管理，其他数据以二维数据表的形式放入关系数据库中进行统一管理。

在水环境信息管理的3S技术应用中，数据库的设计与建设是信息系统建设的关键。首先水环境数据是多维的。对于每一个水质监测数据，它都有个时间戳，记录了数据采集的时间，同时，每个数据还有个地理戳，记录了数据采集的具体位置。这样，时间维、空间维和各个主题域（水质指标）一起构成了水质多维数据。其次水环境数据还是有粒度的，水质监测原始数据在采样时间上精确到了分钟（采磁时间，采样时分），在取样位置上又精确到了测点（测站、断面、测线、测点），因此数据量是极其庞大的。为了方便更好地查询和分析数据，需要对原始监测数据进行综合，按时间形成不同粒度的数据，如低度综合的月平均、季度平均，高度综合的年平均、水期（枯水期、丰水期）平均。

第四章　水利工程施工质量与进度管理

第一节　水利工程施工质量管理

一、质量管理的主要内容和影响因素

（一）质量管理的定义

质量是一组固有特性满足要求的程度。固有特性是指某物所特有的，如水泥的强度、凝结时间等。质量的要求包括明示和隐含两种含义。明示要求一般通过合同、规范、图纸等明确表示，隐含需要一般是人们公认的，不必作出规定的需要。

质量管理是在质量方面指挥和控制组织协调的活动。在质量方面的指挥和控制活动，通常包括制定质量方针和质量目标以及质量策划、质量控制、质量保证和质量改进。

水利工程质量是指工程满足国家和水利行业相关标准及合同约定要求的程度，在安全、功能、适用、外观及环境保护等方面的特性总和，水利工程质量包含设计质量、施工质量和管理质量。本节主要讨论施工质量。

（二）质量管理的主要内容

水利工程施工质量管理从全面质量管理的观点来分析，主要有以下几项内容。

1. 质量管理的基础工作

质量管理的基础工作是标准化、计量、质量信息与质量教育工作，此外还有以质量否决权为核心的质量责任制。

2. 质量体系的设计

质量管理首先要设计或决策科学有效的质量体系，无论是国家、地方、企业或某组织、单位的质量体系设计，都要从实际情况和客观需要出发，合理选择质量体系要素，编制质量体系文件，规划质量体系运行布置和方法，并制定考核办法。

3. 质量管理的组织体制和法规

从我国具体国情出发，研究各国质量管理体制、法规，提炼出具有我国特色的质量管理体制和法规体系，如质量管理组织体系、质量监督组织体系、质量认证体系等，以及质量管理方面的法律、法规和规章等。

4. 质量管理的工具和方法

质量管理的基本思想方法是全面质量管理，基本数学方法是概率论和数量统计方法，由此而总结出各种常用工具，如排列图、因果分析图、直方图、控制图等。

5. 质量抽样检验方法和控制方法

质量指标是具体、定量的。如何抽样检查或检验，怎样实行有效的控制，都要在质量管理过程中正确地运用数理统计方法，研究和制定各种有效控制系统。质量的统计抽样工具——抽样方法标准就成为质量管理工程中的一项十分必要内容。

6. 质量成本和质量管理经济效益的评价、计算

质量成本是从经济性角度评定质量体系有效性的重要方面。科学、有效的质量管理，对企业单位和对国家都有显著的经济效益。如何核算质量成本，怎样定量考核质量管理水平和效果，已成为现代质量管理必须研究的一项重要课题。

（三）质量管理的影响因素

在工程项目施工阶段，影响工程施工质量的主要因素是“人（Man）、机（Machine）、料（Material）、法（Method）、环（Environment）”等五个方面，即4M1E。

1. 对人的因素的控制

人是工程质量的控制者，也是工程质量的“制造者”。工程质量的好与坏与人的因素是密不可分的。控制人的因素，即调动人的积极性、避免人的失误等，是控制工程质量的关键因素。

（1）领导者的素质：领导者是具有决策权力的人，其整体素质是提高工作质量和工程质量的关键。因此，在对承包商进行资质认证和选择时一定要考核领导者的素质。

（2）人的理论水平和技术水平：人的理论水平和技术水平是人的综合素质的体现，它直接影响工程项目质量，尤其是技术复杂、操作难度大、要求精度高、工艺新的工程对人的素质要求更高；否则，工程质量就很难保证。

（3）人的生理缺陷：根据工程施工的特点和环境，应严格控制人的生理缺陷，如患有高血压、心脏病的人不能从事高空作业和水下作业，反应迟钝、应变能力差的人不能操作快速运行、动作复杂的机械设备等；否则，将影响工程质量，引起安全事故。

（4）人的心理行为：影响人的心理行为的因素很多，而人的心理因素如疑虑、畏惧、抑郁等很容易使人产生愤怒、怨恨等情绪，使人的注意力转移，由此引发质量、安全事故。所以，在审核企业的资质水平时，要注意企业职工的凝聚力，职工的情绪，这也是选择企业的一条标准。

（5）人的错误行为：人的错误行为是指人在工作场地或工作中吸烟、打盹、错视、错听、误判断、误动作等，这些都会影响工程质量或造成质量事故。所以，在有危险的工作场所，应严格禁止吸烟、嬉戏等。

（6）人的违纪违章：人的违纪违章是指人的粗心大意、注意力不集中、不履行安全措施等不良行为，会对工程质量造成损害，甚至引起工程质量事故。所以，在用人的问题上，应从思想素质、业务素质和身体素质等方面严格控制。

2.对施工机械设备的控制

施工机械设备是工程建设不可缺少的设施，目前，工程建设的施工进度和施工质量都与施工机械关系密切，对机械设备的控制包括施工机械、各类施工工器具和工程设备的质量控制，在施工阶段，必须对施工机械的性能、选型和使用操作等方面进行控制。

（1）机械设备的选型：机械设备的选型应因地制宜，按照技术先进、经济合理、生产适用、性能可靠、使用安全、操作和维修方便等原则来选择施工机械。

（2）机械设备的性能参数：机械设备的性能参数是选择机械设备的主要依据，为满足施工的需要，在参数选择上可适当留有余地，但不能选择超出需要很

多的机械设备，否则容易造成经济上的不合理。

（3）机械设备的合理使用：合理使用机械设备，正确地进行操作，是保证项目施工质量的重要环节。应贯彻人机固定原则，实行定机、定人、定岗位责任的“三定”制度。要合理划分施工段，组织好机械设备的流水施工。当一个项目有多个单位工程时，应使机械在单位工程之间流水，减少进出场时间和装卸费用。搞好机械设备的综合利用，尽量做到一机多用，充分发挥其效率。要使现场环境、施工平面布置适合机械作业要求，为机械设备的施工创造良好条件。

（4）机械设备的保养与维修：为了保持机械设备的良好技术状态，提高设备运转的可靠性和安全性，减少零件的磨损，延长使用寿命，降低消耗、提高机械施工的经济效益，应做好机械设备的保养。保养分为例行保养和强制保养。对机械设备的维修可以保证机械的使用效率，延长使用寿命。机械设备修理是对机械设备的自然损耗进行修复，排除机械运行的故障，对损坏的零部件进行更换、修复。

3. 对材料的控制

（1）对供货方质量保证能力进行评定。

（2）建立材料管理制度，减少材料损失、变质。对材料的采购、加工、运输、储存建立管理制度，可加快材料的周转，减少材料占用量，避免材料损失、变质，按质、按量、按期满足工程项目的需要。

（3）对原材料、半成品、构配件进行标识：进入施工现场的原材料、半成品、构配件要按型号、品种分区堆放并做好标识；对有防湿、防潮要求的材料，要有防雨、防潮措施，并有标识；对容易损坏的材料、设备，要做好防护；对有保质期要求的材料，要定期检查，以防过期，并做好标识。标识应具有可追溯性，即应标明其规格、产地、日期、批号、加工过程、安装交付后的分布和场所。

（4）加强材料检查验收：用于工程的主要材料，进场时应有出厂合格证和材质化验单；凡标志不清或认为质量有问题的材料，需要进行追踪检验，以确保质量；凡未经检验和已经验证为不合格的原材料、半成品、构配件和工程设备不能投入使用。

（5）发包人提供的原材料、半成品、构配件和设备：发包人所提供的原材料、半成品、构配件和设备用于工程时，项目组织应对其作出专门的标识，接受时进行验证，储存或使用时给予保护和维护，并得到正确的使用。上述材料经验证不合格，不得用于工程。发包人有责任提供合格的原材料、半成品、构配件和设备。

（6）材料质量抽样和检验方法：材料质量抽样应按规定的部位、数量及采选的操作要求进行。材料质量的检验项目分为一般试验项目和其他试验项目，一般项目即通常进行的试验项目，其他试验项目是根据需要而进行的试验项目。材料质量检验方法有书面检验、外观检验、理化检验和无损检验等。

4.对施工方法的控制

施工方法的控制主要包括施工方案、施工工艺、施工组织设计、施工技术措施等方面的控制。对施工方法的控制，应着重抓好以下几个方面内容。

（1）施工方案应随工程进展而不断细化和深化。

（2）选择施工方案时，对主要项目要拟订几个可行方案，找出主要矛盾，明确各个方案的主要优缺点，通过反复论证和比较，选出最佳方案。

（3）对主要项目、关键部位和难度较大的项目，如新结构、新材料、新工艺、大跨度、高大结构部位等，制订方案时要充分估计到可能发生的施工质量问题和处理方法。

5.对施工环境的控制

对施工环境的控制主要包括自然环境的控制、管理环境的控制和劳动环境的控制等。

（1）自然环境的控制主要是掌握施工现场水文、地质和气象资料信息，以便在编制施工方案、施工计划和措施时，能够从自然环境的特点和规律出发，制定地基与基础施工对策，防止地下水、地面水对施工的影响，保证周围建筑物及地下管线的安全；从实际条件出发做好冬雨季施工项目的安排和防范措施；加强环境保护和建设公害的治理。

（2）管理环境的控制主要是要按照承发包合同的要求，明确承包商和分包商的工作关系，建立现场施工组织系统运行机制及施工项目质量管理体系；正确处理好施工过程安排和施工质量形成的关系，使两者能够相互协调、相互促进、相互制约；做好与施工项目外部环境的协调，包括与邻近单位、居民及有关方面的沟通、协调，以保证施工顺利进行，提高施工质量，创造良好的外部环境和氛围。

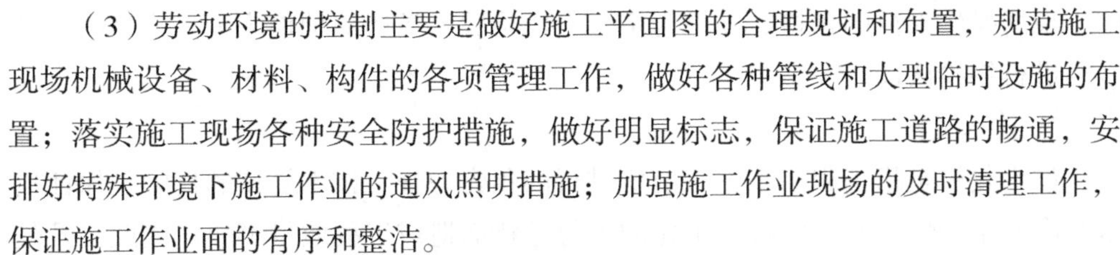

（3）劳动环境的控制主要是做好施工平面图的合理规划和布置，规范施工现场机械设备、材料、构件的各项管理工作，做好各种管线和大型临时设施的布置；落实施工现场各种安全防护措施，做好明显标志，保证施工道路的畅通，安排好特殊环境下施工作业的通风照明措施；加强施工作业现场的及时清理工作，保证施工作业面的有序和整洁。

二、水利工程项目施工阶段质量控制

（一）施工现场质量管理的基本环节

施工质量控制过程，不论是从施工要素着手，还是从施工质量的形成过程出发，都必须通过现场质量管理中一系列可操作的基本环节来实现。

现场质量管理的基本环节包括图纸会审、三检制、技术复核、技术核定、设计变更、“三令”管理、级配管理、分部分项工程和隐蔽工程验收、成品保护等。

1. 图纸会审

图纸会审是指工程各参建单位（建设单位、监理单位、施工单位等相关单位）在收到审查机构审查合格的施工图设计文件后，在设计交底前进行全面细致的熟悉和审查施工图纸的活动。

2. 三检制

三检制是指操作人员的自检、互检和专职质量管理人员的专检相结合的检验制度。它是确保现场施工质量的一种有效的方法。

自检是指由操作人员对自己的施工作业或已完成的分项工程进行自我检验，实施自我控制、自我把关，及时消除异常因素，以防止不合格品进入下道作业。

互检是指操作人员之间对所完成的作业或分项工程进行相互检查，是对自检的一种复核和确认，起到相互监督的作用。互检的形式可以是同组操作人员之间的相互检验，也可以是班组的质量检查员对本班组操作人员的抽检，同时也可以是下道作业对上道作业的交接检验。

专检是指质量检验员对分部、分项工程进行的检验，用以弥补自检、互检的不足。专检还可细分为专检、巡检和终检。

实行三检制，要合理确定好自检、互检和专检的范围。一般情况下，原材料、半成品、成品的检验以专职检验人员为主，生产过程的各项作业的检验则以施工现场操作人员的自检、互检为主，专职检验人员巡回抽检为辅。成品的质量必须进行终检认证。

3．技术复核

技术复核是指工程在未施工前所进行的预先检查。技术复核的目的是保证技术基准的正确性，避免因技术工作的疏忽差错而造成工程质量事故。因此，凡是涉及定位轴线、标高、尺寸，配合比，模板尺寸，预埋件的材质、型号、规格，吊装预制构件强度等，都必须根据设计文件和技术标准的规定进行复核检查，并做好记录和标识。

4．技术核定

在实际施工过程中，施工项目管理者或操作者对施工图的某些技术问题有异议或者提出改善性的建议，如材料、构配件的代换、混凝土使用外加剂、工艺参数调整等，必须由施工项目技术负责人向设计单位提出《技术核定单》，经设计单位和监理单位同意后才能实施。

5．设计变更

施工过程中，由于业主的需要或设计单位出于某种改善性考虑，以及施工现场实际条件发生变化，导致设计与施工的可行性发生矛盾，这些都将涉及施工图的设计变更。设计变更不仅关系到施工依据的变化，而且还涉及工程量的增减及工程项目质量要求的变化，因此，必须严格按照规定程序处理设计变更的有关问题。

一般的设计变更需设计单位签字盖章确认，监理工程师下达设计变更令，施工单位备案后执行。

6．“三令”管理

在施工生产过程中，凡沉桩、挖土、混凝土浇灌等作业必须纳入按命令施工的管理范围，即“三令”管理。“三令”管理的目的在于核查施工条件和准备工作情况，确保后续施工作业的连续性、安全性。

7．级配管理

施工过程中所涉及的砂浆或混凝土，凡在图纸上标明强度或强度等级的，均需纳入级配管理制度范围。级配管理包括事前、事中和事后管理三个阶段。事前管理主要是级配的试验、调整和确认；事中管理主要是砂浆或混凝土拌制过程中的监控；事后管理则为试块试验结果的分析，实际上是对砂浆或混凝土的质量评定。

8.分部、分项工程和隐蔽工程的质量检验

施工过程中，每一分部、分项工程和隐蔽工程施工完毕后，质检人员均应根据合同规定进行检验。质量检验应在自检、专业检验的基础上，由专职质量检查员或企业的技术质量部门进行核定。只有通过其验收检查，对质量确认后，方可进行后续工程施工或隐蔽工程的覆盖。

其中隐蔽工程是指那些施工完毕后将被隐蔽而无法或很难对其再进行检查的分部、分项工程，就土建工程而言，隐蔽工程的验收项目主要有地基、基础、基础与主体结构各部位钢筋、现场结构焊接、高强螺栓连接、防水工程等。

通过对分部、分项工程和隐蔽工程的检验，可确保工程质量符合规定要求，对发现的问题应及时处理，不留质量隐患及避免施工质量事故的发生。

9.成品的保护

在施工过程中，有些分部、分项工程已经完成，而其他一些分部、分项工程尚在施工；或者是在其分部、分项施工过程中，某些部位已完成，而其他部位正在施工。在这种情况下，施工单位必须负责对已完成部分采取妥善措施予以保护，以免成品缺乏保护或保护不善而造成损伤或污染，影响工程的整体质量。

成品保护工作主要是要合理安排施工顺序、按正确的施工流程组织施工及制定和实施严格的成品保护措施。

（二）质量控制的方法

施工过程中的质量控制方法主要有旁站检查、测量、试验等。

1.旁站检查

旁站是指有关管理人员对重要工序（质量控制点）的施工所进行的现场监督和检查，以避免质量事故的发生。旁站也是驻地监理人员的一种主要现场检查形式。根据工程施工难度及复杂性，可采用全过程旁站、部分时间旁站两种方式。对容易产生缺陷的部位，或产生了缺陷难以补救的部位，以及隐蔽工程，应加强旁站检查。

在旁站检查中，必须检查承包人在施工中所用的设备、材料及混合料是否符合已批准的文件要求，检查施工方案、施工工艺是否符合相应的技术规范。

2.测量

测量是对建筑物的尺寸控制的重要手段。应对施工放样及高程控制进行核查，不合格者不准开工。对模板工程、已完工程的几何尺寸、高程、宽度、厚度、坡度等质量指标，按规定要求进行测量验收，不符合规定要求的需进行返工。测量记录需经工程师审核签字后方可使用。

3. 试验

试验是工程师确定各种材料和建筑物内在质量是否合格的重要方法。所有工程使用的材料，都必须事先经过材料试验，质量必须满足产品标准，并经工程师检查批准后，方可使用。材料试验包括水源、粗骨料、沥青、土工织物等各种原材料，不同等级混凝土的配合比试验，外购材料及成品质量证明和必要的试验鉴定，仪器设备的校调试验，加工后的成品强度及耐用性检验，工程检查等。没有试验数据的工程不予验收。

（三）工序质量监控

1. 工序质量监控的内容

工序质量控制主要包括对工序活动条件的监控和对工序活动效果的监控。

（1）对工序活动条件的监控：工序活动条件监控就是指对影响工程生产因素进行的控制。工序活动条件的控制是工序质量控制的手段。尽管在开工前对生产活动条件已进行了初步控制，但在工序活动中有的条件还会发生变化，使其基本性能达不到检验指标，这正是生产过程产生质量不稳定的重要原因。因此，只有对工序活动条件进行控制，才能达到对工程或产品的质量性能特性指标的控制。工序活动条件包括的因素较多，要通过分析，分清影响工序质量的主要因素，抓住主要矛盾，逐渐予以调节，以达到质量控制的目的。

（2）对工序活动效果的监控：主要反映在对工序产品质量性能的特征指标的控制上。通过对工序活动的产品采取一定的检测手段进行检验，根据检验结果分析、判断该工序活动的质量效果，从而实现对工序质量的控制，其步骤如下。首先是工序活动前的控制，主要要求人、材料、机械、方法或工艺、环境能满足要求。其次采用必要的手段和工具，对抽出的工序子样进行质量检验；应用质量统计分析工具（如直方图、控制图、排列图等）对检验所得的数据进行分析，找出这些质量数据所遵循的规律。根据质量数据分布规律的结果，判断质量是否正常；若出现异常情况，寻找原因，找出影响工序质量的因素，尤其是那些主要因素，采取对策和措施进行调整；再重复前面的步骤，检查调整效果，直到满足要求为止，这样便可达到控制工序质量的目的。

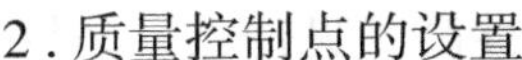

2.质量控制点的设置

质量控制点的设置是进行工序质量预防控制的有效措施。质量控制点是指为保证工程质量而必须控制的重点工序、关键部位、薄弱环节。应在施工前，全面、合理地选择质量控制点，并对设置质量控制点的情况及拟采取的控制措施进行审核。必要时，应对质量控制实施过程进行跟踪检查或旁站监督，以确保质量控制点的施工质量。

设置质量控制点，主要有以下几方面。

（1）关键的分项工程，如大体积混凝土工程、土石坝工程的坝体填筑、隧洞开挖工程等。

（2）关键的工程部位，如混凝土面板、堆石坝面板、趾板及周边缝的接缝，土基上水闸的地基基础，预制框架结构的梁板节点，关键设备的设备基础等。

（3）薄弱环节，指经常发生或容易发生质量问题的环节，或承包人无法把握的环节，或采用新工艺（材料）施工的环节等。

（4）关键工序，如钢筋混凝土工程的混凝土振捣，灌注桩钻孔，隧洞开挖的钻孔布置、方向、深度、用药量和填塞等。

（5）关键工序的关键质量特性，如混凝土的强度、耐久性，土石坝的干容重、黏性土的含水率等。

（6）关键质量特性的关键因素，如冬季混凝土强度的关键因素是环境（养护温度）；支模的关键因素是支撑方法；泵送混凝土输送质量的关键因素是机械；墙体垂直度的关键因素是人等。

控制点的设置应准确有效，因此究竟选择哪些作为控制点，需要由有经验的质量控制人员进行选择。

3.见证点、停止点的概念

见证点和停止点是国际上对于重要程度不同及监督控制要求不同的质量控制对象的一种区分方式。

见证点监督也称为“W点监督”。凡是被列为见证点的质量控制对象，在规定的控制点施工前，施工单位应提前24小时通知监理人员在约定的时间内到现场进行见证并实施监督。如监理人员未按约定到场，施工单位有权对该点进行相应的操作和施工。

停止点也称为“待检查点”或“H点”，它的重要性高于见证点，是针对那些由于施工过程或工序施工质量不易或不能通过其后的检验和试验而充分得到论证的“特殊过程”或“特殊工序”而言的。凡被列入停止点的控制点，要求必须在该控制点来临之前24小时通知监理人员到场实验监控，如监理人员未能在约定时间内到达现场，施工单位应停止该控制点的施工，并按合同规定等待监理方，未经认可不能超过该点继续施工。

三、水利工程质量控制的统计方法

（一）质量数据

利用质量数据和统计分析方法进行项目质量控制，是控制工程质量的重要手段。通常通过收集和整理质量数据，进行统计分析比较，找出生产过程的质量规律，判断工程产品质量状况，发现存在的质量问题，找出引起质量问题的原因，并及时采取措施，预防和纠正质量事故，使工程质量始终处于受控状态。

质量数据是用以描述工程质量特征性能的数据。它是进行质量控制的基础。没有质量数据，就不可能有现代化的科学的质量控制。

1.质量数据的类型

质量数据按其自身特征，可分为计量值数据和计数值数据；按其收集目的可分为控制性数据和验收性数据。

（1）计量值数据：计量值数据是可以连续取值的连续型数据，如长度、重量、面积、标高等质量特征，一般都是可以用量测工具或仪器等量测，一般都带有小数。

（2）计数值数据：计数值数据是不连续的离散型数据，如不合格品数、不合格的构件数等，这些反映质量状况的数据是不能用量测器具来度量的，采用计数的办法，只能出现0、1、2等非负数的整数。

（3）控制性数据：控制性数据一般是以工序作为研究对象，是为分析、预测施工过程是否处于稳定状态而定期随机地抽样检验获得的质量数据。

（4）验收性数据：验收性数据是以工程的最终实体内容为研究对象，以分析、判断其质量是否达到技术标准或用户的要求，采取随机抽样检验而获取的质量数据。

2.质量数据的收集方法

（1）全数检验：全数检验是对总体中的全部个体逐一观察、测量、计数、登记，从而获得对总体质量水平结论的方法。全数检验一般比较可靠，能提供大量的质量信息，但要消耗很多人力、物力、财力和时间，特别是不能用于具有破坏性的检验和过程质量控制，应用上具有局限性；在有限总体中，对重要的检测项目，在可采用建议快速的不破损检验方法时，可选用全数检验方案。

（2）随机抽样检验：抽样检验是按照随机抽样的原则，从总体中抽取部分个体组成样本，根据对样品进行检测的结果，推断出总体质量水平的方法。

（二）质量控制的统计方法

通过对质量数据的收集、整理和统计分析，找出质量的变化规律和存在的质量问题，提出进一步改进措施，这种运用数学工具进行质量控制的方法是所有涉及质量管理的人员所必须掌握的，它可以使质量控制工作定量化和规范化。下面介绍几种在质量控制中常用的数学工具及方法。

1. 直方图法

直方图法又称“频数分布直方图法”，是对收集到的质量数据进行分组整理，绘制成以组距为底边，以频数为高度的矩形图，用于描述质量分布状态的一种分析方法。通过直方图的观察与分析，可以了解产品质量的波动情况，掌握质量特性的分布规律，以便对质量状况进行分析判断，评价工作过程能力等。

2. 统计调查表法

统计调查表法是利用统计整理数据和分析质量问题的各种表格，对工程质量的影响原因进行分析和判断的方法。这种方法简单方便，并能为其他方法提供依据。统计调查表没有固定的格式和内容，工程中常用的统计调查表有分项工程作业质量分布调查表、不合格项目停产表、不合格原因调查表、工程质量判断统计调查表。

统计调查表一般由表头和频数统计两部分组成，内容根据需要和具体要求确定。

3. 分层法

分层法又称“分类法”，是将收集的数据根据不同的目的，按性质、来源、影响因素等进行分类和分层研究的方法。分层法可以使杂乱的数据条理化，找出主要的问题，采取相应的措施。常用的分层方法有：①按工程内容分层；②按时间、环境分层；③按机械设备分层；④按操作者分层；⑤按生产工艺分层；⑥按质量检验方法分层。

4.排列图法

排列图法又称“帕累托图”“主次因素分析图”或“ABC分类管理法”，是寻找影响质量主次因素的一种有效方法。它是由两个纵坐标、一个横坐标、几个连起来的直方形和一条曲线组成的。左侧的纵坐标表示频数，右侧纵坐标表示累计频率，横坐标表示影响质量的各个因素或项目，按影响程度大小从左至右排列，直方形的高度示意某个因素的影响大小。

5.因果分析图法

因果分析图法是利用因果分析图来系统整理分析某个质量问题（结果）与其影响因素之间关系，采取措施，解决存在的质量问题的方法。因果分析图也称“特性要因图”，又因其形状被称为“树枝图”或“鱼刺图”。

6.管理图法

管理图也称“控制图”，是反映生产过程随时间变化而变化的质量动态，即反映生产过程中各个阶段质量波动状态的图形。

7.相关图法

产品质量与影响质量的因素之间，常有一定的相互关系，但不一定是严格的函数关系，这种关系称为“相关关系”，可利用直角坐标系将两个变量之间的关系表达出来。相关图的形式有正相关、负相关、非线性相关和无相关。

四、水利工程施工项目质量事故处理

（一）施工项目质量事故定义与分类

1.质量事故与质量缺陷

水利工程施工项目质量事故是指在水利工程建设过程中，由于建设管理、监理、勘测、设计、咨询、施工、材料、设备等原因造成工程质量不符合国家和行业相关标准以及合同约定的质量标准，影响使用寿命和对工程安全运行造成隐患和危害的事件。

质量缺陷指对工程质量有影响，但小于一般质量事故的质量问题。工程建设中发生的以下质量问题属于质量缺陷：①发生在大体积混凝土、金属结构制作安装及机电设备安装工程中，处理所需物资、器材及设备、人工等直接损失费用不超过20万元人民币；②发生在土石方工程或混凝土薄壁工程中，处理所需物资、器材及设备、人工等直接损失费用不超过10万元人民币；③处理后不影响工程正常使用和寿命。

2.施工质量事故分类

施工质量事故按直接经济损失的大小，检查、处理事故对工期的影响时间长短和对工程正常使用的影响，分为一般质量事故、较大质量事故、重大质量事故、特大质量事故。

一般质量事故是指对工程造成一定经济损失，经处理后不影响正常使用并不影响使用寿命的事故。

较大质量事故是指对工程造成较大经济损失或延误较短工期，经处理后不影响正常使用但对工程寿命有较大影响的事故。

重大质量事故是指对工程造成重大经济损失或较长时间延误工期，经处理后不影响正常使用但对工程寿命有较大影响的事故。

特大质量事故是指对工程造成特大经济损失或较长时间延误工期，经处理后仍对正常使用和工程寿命造成较大影响的事故。

（二）施工质量事故处理原则

质量事故发生后，应坚持“三不放过”的原则，即事故原因不查清不放过，事故主要责任人和职工未受到教育不放过，补救措施不落实不放过。

发生质量事故，应立即向有关部门（业主、监理单位、设计单位和质量监督机构等）汇报并提交事故报告。

由质量事故造成的损失费用，坚持事故责任是谁由谁承担的原则。如责任在施工承包商，则事故分析与处理的一切费用由承包商自己负责；如施工中事故责任不在承包商，则承包商可依据合同向业主提出索赔；若事故责任在设计或监理单位，应按照有关合同条款给予相关单位必要的经济处罚。构成犯罪的，移交司法机关处理。

（三）施工项目质量事故的处理程序

施工项目质量事故的处理程序主要有以下六个步骤。

1.发现事故，下达工程施工暂停令

当出现施工质量缺陷或事故后，应停止有质量缺陷部位和其有关部位及下道工序施工，需要时还应采取适当的防护措施。同时，项目法人将事故的简要情况向项目主管部门报告。项目主管部门接到事故报告后，按照管理权限向上级水行政主管部门报告。

一般质量事故向项目主管部门报告。较大质量事故逐级向省级水行政主管部门或流域机构报告。重大事故逐级向省级水行政主管部门或流域机构报告抄报水利部。特大质量事故逐级向水利部和有关部门报告。

2．组织进行质量事故调查

一般事故由项目法人组织设计、施工、监理等单位进行调查，调查结果报项目主管部门核备。较大质量事故由项目主管部门组织调查组进行调查，调查结果报上级主管部门批准并报省级水行政主管部门核备。重大质量事故由省级以上水行政主管部门组织调查组进行调查，调查结果报水利部核备。特大质量事故由水利部组织调查。

事故调查组的主要任务：①查明事故发生的原因、过程、财产损失情况和对后续工程的影响；②组织专家进行技术鉴定；③查明事故的责任单位和主要责任者应负的责任；④提出工程处理和采取措施的建议；⑤提出对责任单位和责任者的处理建议；⑥提交事故调查报告。

调查组有权向事故单位、各有关单位和个人了解事故的有关情况。有关单位和个人必须实事求是地提供有关文件或材料，不得以任何方式阻碍或干扰调查组正常工作。

发生（发现）较大、重大和特大质量事故，事故单位要在48小时内向规定单位写出书面报告；突发性事故，事故单位要在4小时内电话向上级单位报告。调查结果，要整理撰写事故调查报告，其内容包括以下方面。

（1）工程名称、建设规模、建设地点、工期，项目法人、主管部门及负责人电话。

（2）事故发生的时间、地点、工程部位以及相应的参建单位名称。

（3）事故发生的简要经过、伤亡人数和直接经济损失的初步估计。

（4）事故发生原因初步分析。

（5）事故发生后采取的措施及事故控制情况。

（6）事故报告单位、负责人及联系方式。

事故调查组提交的调查报告经主持单位同意后，调查工作即告结束。事故调查费用暂由项目法人垫付，待查清责任后，由责任方负担。

3．事故原因分析，正确判断事故原因

事故原因分析是确定事故处理措施方案的基础。正确的处理来源于对事故原因的正确判断。避免情况不明就主观分析判断事故的原因，尤其是有些事故，其原因错综复杂，往往涉及勘察、设计、施工、材质、使用管理等几方面，只有对调查提供充分的调查资料、数据进行详细、深入的分析后，才能由表及里、去伪存真，找出造成事故的真正原因。事故处理需要进行设计变更的，需原设计单位或有资质的单位提出设计变更方案。需要进行重大设计变更的，必须经原设计审批部门审定后实施。

4. 制定事故处理方案

发生质量事故，必须针对事故原因提出工程处理方案，经有关单位审定后实施。

一般事故，由项目法人负责组织有关单位制定处理方案并实施，报上级主管部门备案。较大质量事故，由项目法人负责组织有关单位制定处理方案，经上级主管部门审定后实施，报省级水行政主管部门或流域机构备案。重大质量事故，由项目法人负责组织有关单位提出处理方案，征得事故调查组意见后，报省级水行政主管部门或流域机构审定后实施。特大质量事故，由项目法人负责组织有关单位提出处理方案，征得事故调查组意见后，报省级水行政主管部门或流域机构审定后实施，并报水利部备案。

5. 处理质量事故

按确定的处理方案对质量缺陷和质量事故进行处理。

6. 组织检查验收

在质量缺陷和质量事故处理完毕后，应组织有关人员对处理结果进行严格的检查、鉴定和验收。

（四）质量事故处理的鉴定

质量事故处理是否达到预期的目的，是否留有隐患，需要通过检查验收做出结论。事故处理质量检查验收，必须严格按施工验收规范中有关规定进行；必要时，还要通过实测实量、荷载试验、取样试压、仪表检测等方法来获取可靠的数据。这样才可能对事故作出明确的处理结论。

事故处理结论的内容有以下几种。

（1）事故已排除，可以继续施工。

（2）隐患已经消除，结构安全可靠。

（3）经修补处理后，完全满足使用要求。

（4）基本满足使用要求，但附有限制条件，如限制使用荷载，限制使用条件等。

（5）对耐久性影响的结论。

（6）对建筑外观影响的结论。

（7）对事故责任的结论等。

此外，对一时难以作出结论的事故，还应进一步提出观测检查的要求。

事故处理后，还必须提交完整的事故处理报告，其内容包括：事故调查的原始资料、测试数据；事故的原因分析、论证；事故处理的依据；事故处理方案、方法及技术措施；检查验收记录；事故无须处理的论证；事故处理结论；等等。

五、水利工程质量评定与验收

（一）工程质量评定

1. 工程质量评定的意义

工程质量评定是将质量检验结果与国家和行业技术标准以及合同约定质量标准所进行的比较活动。工程质量评定以单元工程质量评定为基础，其评定的先后次序是单元工程、分部工程和单位工程。工程质量的评定在施工单位（承包商）自评的基础上，由建设（监理）单位复核，报政府质量监督机构核定。

2. 评定依据

合格标准是工程验收标准。不合格工程必须按要求处理合格后，才能进行后续工程施工或验收。水利工程施工质量等级评定的主要依据有以下内容。

（1）国家及相关行业技术标准。

（2）《水利水电工程单元工程施工质量验收评定标准》。

（3）经批准的设计文件、施工图纸、金属结构设计图样与技术条件、设计修改通知书、厂家提供的设备安装说明书及有关技术文件。

（4）工程承发包合同中采用的技术标准。

（5）工程施工期及试运行期的试验和观测分析成果。

3. 评定标准

（1）单元工程施工质量评定标准。《水利水电工程单元工程施工质量验收评定标准》包括土石方工程混凝土工程、地基处理与基础工程、堤防工程、水工金属结构安装工程、水轮发电机组安装工程、水力机械辅助设备系统安装工程等多项标准。

该标准将质量检验项目统一分为主控项目和一般项目：主控项目是指对单元工程的功能起决定作用或对安全、卫生、环境保护有重大影响的检验项目；一般项目是指除主控项目外的检验项目。

单元（工序）工程施工质量合格标准应按照《水利水电工程单元工程施工质量验收评定标准》或合同约定的合格标准执行。单元工程质量评定分优良、合格和不合格三级。单元工程质量等级不论评定“合格”或“优良”标准，均要求质量检查“主控项目”全部合格通过，“一般项目”的计数检验合格率必须达到相应的百分比，才能评定为“合格”或“优良”等级，除专业工程另有要求外，“一般项目”合格的检查点标准要大于或等于70%，优良的检查点标准要大于或等于90%。

当单元工程达不到合格标准时，应及时处理。处理后的质量等级按下列规定确定：全部返工重做的，可重新评定质量等级；经加固补强并经设计和监理单位鉴定能达到设计要求时，其质量评为合格；处理后部分质量指标仍达不到设计要求时，经设计复核，项目法人及监理单位确认能满足安全和使用功能要求，可不再进行处理；或经加固补强后，改变外形尺寸或造成永久性缺陷的，经项目法人、监理及设计确认能基本满足设计要求，其质量可定为合格，但应按规定进行质量缺陷备案。

（2）分部工程质量评定标准。分部工程质量合格的条件是：①单元工程质量全部合格；②中间产品质量及原材料质量全部合格，金属结构及启闭机制造质量合格，机电产品质量合格。

优良的条件是：①所含单元工程质量全部合格，其中70%以上达到优良，重要隐蔽单元工程以及关键部位单元工程质量优良率达90%以上，且未发生过质量事故；②中间产品质量全部合格，混凝土（砂浆）试件质量达到优良（当试件组数小于30时，试件质量合格）。原材料质量、金属结构及启闭机制造质量合格，机电产品质量合格。

（3）单位工程质量评定标准。单位工程质量合格的条件是：①所含分部工程质量全部合格；②质量事故已按要求进行处理；③工程外观质量得分率达到70%以上；④单位工程施工质量检验与评定资料基本齐全；⑤工程施工期及试运行期，单位工程观测资料分析结果符合国家和行业技术标准以及合同约定的标准要求。

优良的条件是：①所含分部工程质量全部合格，其中70%以上达到优良等级，主要分部工程质量全部优良，且施工中未发生过较大质量事故；②质量事故已按要求进行处理；③外观质量得分率达到85%以上；④单位工程施工质量检验与评定资料齐全；⑤工程施工期及试运行期，单位工程观测资料分析结果符合国家和行业技术标准以及合同约定的标准要求。

4.质量评定程序

单元（工序）工程质量在施工单位自评合格后，由监理单位复核，监理工程师核定质量等级并签证认可，具体做法是单元（工序）工程在施工单位自检合格填写水利水电工程施工质量评定表，终检人员签字后，报监理工程师复核评定。

重要隐蔽单元工程及关键部位单元工程质量经施工单位自评合格，监理机构抽检后，由项目法人（或委托监理）、监理、设计、施工、工程运行管理（施工阶段）等单位组成联合小组，共同检查核定其质量等级并填写签证表，报质量监督机构核备。

分部工程质量，在施工单位自评合格后，由监理单位复核，项目法人认定。分部工程验收的质量结论由项目法人报质量监督机构核备。大型枢纽工程主要建筑物的分部工程验收的质量结论由项目法人报工程质量监督机构核定。

单位工程质量，在施工单位自评合格后，由监理单位复核，项目法人认定。单位工程验收的质量结论由项目法人报质量监督机构核定。

工程项目质量，在单位工程质量评定合格后，由监理单位进行统计并评定工程项目质量等级，经项目法人认定后，报质量监督机构核定。

（二）工程质量验收

1.工程质量验收定义

根据《水利水电建设工程验收规程》（SL 223—2008），工程质量验收是在工程质量评定的基础上，依据一个既定的验收标准，采取一定的手段来检验工程产品的特性是否满足验收标准的过程。

水利水电建设工程验收按验收主持单位可分为法人验收和政府验收。法人验收应包括分部工程验收、单位工程验收、水电站（泵站）中间机组启动验收、合同工程完工验收等；政府验收应包括阶段验收、专项验收、竣工验收等。验收主持单位可根据工程建设需要增设验收的类别和具体要求。政府验收应由验收主持单位组织成立的验收委员会负责，法人验收应由项目法人组织成立的验收工作组负责，验收委员会（工作组）由有关单位代表和有关专家组成。

2. 工程质量验收依据

验收工作的依据有：①国家现行有关法律、法规、规章和技术标准；②有关主管部门的规定；③经批准的工程立项文件、初步设计文件、调整概算文件；④经批准的设计文件及相应的工程变更文件；⑤施工图纸及主要设备技术说明书等；⑥法人验收还应以施工合同为依据。

当工程具备验收条件时，应及时组织验收。未经验收或验收不合格的工程不得交付使用或进行后续工程施工。验收工作应相互衔接，不应重复进行。

3. 工程验收的主要工作

（1）分部工程验收。分部工程验收应由项目法人（或委托监理单位）主持，验收工作组应由项目法人、勘测、设计、监理、施工、主要设备制造（供应）商等单位的代表组成，运行管理单位可根据具体情况决定是否参加。

分部工程验收应具备的条件是：所有单元工程已完成；已完成单元工程施工质量经评定全部合格，有关质量缺陷已处理完毕或有监理机构批准的处理意见；合同约定的其他条件。

分部工程验收的主要工作是：鉴定工程是否达到设计标准；按现行国家或行业技术标准，评定工程质量等级；对验收遗留问题提出处理意见。分部工程验收的图纸、资料和成果是竣工验收资料的组成部分。

（2）单位工程验收。单位工程验收应由项目法人主持。验收工作组由项目法人、勘测、设计、监理、施工、主要设备制造（供应）商、运行管理等单位的代表组成。必要时，可邀请上述单位以外的专家参加。

单位工程验收应具备的条件是：所有分部工程已完建并验收合格；分部工程验收遗留问题已处理完毕并通过验收，未处理的遗留问题不影响单位工程质量评定并有处理意见；合同约定的其他条件。

单位工程验收的主要内容是：检查工程是否按批准的设计内容完成；评定工程施工质量等级；检查分部工程验收遗留问题处理情况及相关记录；对验收中发现的问题提出处理意见。

（3）阶段验收。根据工程建设需要，当工程建设达到一定关键阶段时（如基础处理完毕、截流、水库蓄水、机组启动、输水工程通水等），应进行阶段验收。阶段验收应包括枢纽工程导（截）流验收、水库下闸蓄水验收、引（调）排水工程通水验收、水电站（泵站）首（末）台机组启动验收、部分工程投入使用验收以及竣工验收主持单位根据工程建设需要增加的其他验收。

阶段验收应由竣工验收主持单位或其委托的单位主持。阶段验收委员会由验收主持单位、质量和安全监督机构、运行管理单位的代表以及有关专家组成；必要时，可邀请地方人民政府以及有关部门参加。工程参建单位应派代表参加阶段验收，并作为被验收单位在验收鉴定书上签字。

阶段验收的主要工作是：检查已完工程的质量和形象面貌；检查在建工程建设情况；检查待建工程的计划安排和主要技术措施落实情况，以及是否具备施工条件；检查拟投入使用工程是否具备运用条件；对验收遗留问题提出处理要求等。

（4）合同完工验收。施工合同约定的建设内容完成后，应进行合同工程完工验收。当合同工程仅包含一个单位工程（分部工程）时，宜将单位工程（分部工程）验收与合同工程完工验收一并进行，但应同时满足相应的验收条件。

合同工程完工验收应由项目法人主持。验收工作组应由项目法人以及与合同工程有关的勘测、设计、监理、施工、主要设备制造（供应）商等单位的代表组成。

合同完工验收的主要工作是：检查工程是否按批准设计完成；检查工程质量，评定质量等级，对工程缺陷提出处理要求；对验收遗留问题提出处理要求；按照合同规定，施工单位向项目法人移交工程。

（5）竣工验收。竣工验收应在工程建设项目全部完成并满足一定运行条件后1年内进行。不能按期进行竣工验收的，经竣工验收主持单位同意，可适当延长期限，但最长不得超过6个月。一定运行条件是指泵站工程经过一个排水或抽水期、河道疏浚工程完成后、其他工程经过6个月（经过一个汛期）至12个月。

竣工验收应具备的条件是：工程已按批准设计规定的内容全部建成；各单位工程能正常运行；历次验收所发现的问题已基本处理完毕；归档资料符合工程档案资料管理的有关规定；工程建设征地补偿及移民安置等问题已基本处理完毕，工程主要建筑物安全保护范围内的迁建和工程管理土地征用已经完成；工程投资已经全部到位；竣工决算已经完成并通过竣工审计。

竣工验收的程序是：项目法人组织进行竣工验收自查、项目法人提交竣工验收申请报告、竣工验收主持单位批复竣工验收申请报告、进行竣工技术预验收、召开竣工验收会议、印发竣工验收鉴定书。

竣工验收的主要工作是：审查项目法人编制的《工程建设管理工作报告》和初步验收工作组编制的《初步验收工作报告》；检查工程建设和运行情况；协调处理有关问题；讨论并通过“竣工验收鉴定书”。

第二节　水利工程施工进度管理

一、工程项目进度管理的概念和影响因素

（一）工程项目进度管理概念

1. 工程项目进度计划

工程项目进度计划，是指在项目实施之前，先对工程项目各建设阶段的工作内容、工作程序、持续时间和衔接关系等制订出一个切实可行的、科学的进度计划，然后再按计划逐步实施。进度计划是一项系统性工程，一个完整的项目进度计划既要反映关键设计或者施工工序以及前后其他工序之间的逻辑关系，又要覆盖项目组织设计、施工管理；既要反映项目生产要素配置问题，又要力求保证项目实施的连续性和均衡性。项目进度计划可以划分为总体进度计划、分项进度计划、年度进度计划。

2. 工程项目进度控制

工程项目进度控制，是指在项目进度计划制订之后，在项目实施过程中，针对项目进展情况进行检验、比对、分析、调整，以确保项目进度计划总体目标得以实现的过程。即在实施过程中经常检查实际进度是否按照计划要求顺利进行，对出现的偏差分析原因，采取纠正措施或调整、修改原计划，直至竣工，交付使用。

工程项目进度控制最终目的是确保项目进度计划目标的实现，实现施工合同约定的竣工日期，其总目标是建设工期。工程项目进度控制的步骤如下。

（1）制订进度计划。项目进度计划是施工项目中各个单位工程或各个分项工程的施工顺序、开工和竣工时间以及相互衔接关系的计划。项目投标时虽然已按照招标文件的要求编制了初步进度的计划，但在中标后，还应该按照现场施工的具体条件和合同中的工期等具体要求编制出更为翔实的进度计划。

（2）进度计划的实施。要保证实现材料、人力和设备等资源的最优配置，施工过程中要及时检查、发现和记录影响进度的问题，努力找出问题发生的原因，根据其发生的原因采取相应的组织和技术措施，以便做好剩余工程的进度计划，保证项目各项工作按照计划要求进行。

（3）施工进度检查。施工进度检查与计划实施往往是同时进行的。施工进度计划的检查是进度控制中最关键的一步，它是将实际进度与计划进度进行比对，找出存在的偏差，采取相应的措施来进行调整，以保证工期目标的顺利实现。偏差一般通过与网络计划和横道图计划进行比较来确定。

（4）计划进度的调整。在进度控制中，一般是利用网络计划的方法来对项目计划进行纠偏，当发现实际进度与计划进度出现不相符时，改变关键路线上工作执行的时间，对非关键路线上的工作资源进行重新配置，以保证最合理的资源配置，进而保证工期目标的顺利实现。

3.工程项目进度管理

工程项目进度管理，又称“工期管理”，是指在限定的时间内，以合同进度计划为依据，对整个建设过程进行监督、检查、指导和修正的过程，是在项目实施过程中针对各项目各阶段进展程度以及最后完成的期限进行的管理。其目的是保证项目能在满足其时间约束条件前提下实现其总体目标，是保证项目如期完成和合理安排资源供应、节约工程成本的重要措施之一。它是一项系统性的工程，具有阶段性和不均衡性，是一个动态的管理。

工程项目进度管理是项目管理的一个重要方面，它与项目成本管理、项目质量管理等同为项目管理的重要组成部分。它们之间有着相互依赖和相互制约的关系，工程管理人员在实际工作中要对这三项工作全面、系统、综合地加以考虑，正确处理进度、质量和成本的关系，提高工程建设的综合效益。特别是对一些投资较大的工程，如何确保进度目标的实现，往往对经济效益产生很大影响。在这三大管理目标中，不能只片面强调某一方面的管理，而是要相互兼顾、相辅相成，这样才能真正实现项目管理的总目标。工程项目进度管理包括工程项目进度计划的制订和工程项目进度计划的控制两大任务。

（二）影响工程项目进度的因素

由于水利水电工程项目的施工特点，尤其是大型和复杂的施工项目，工期较长，影响进度的因素较多，编制和控制计划时必须充分认识和考虑这些因素，才

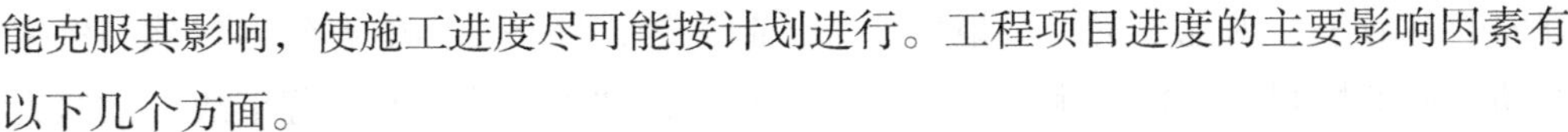

能克服其影响，使施工进度尽可能按计划进行。工程项目进度的主要影响因素有以下几个方面。

1. 工程建设相关单位的影响

影响工程项目施工进度的单位不只是施工承包单位。事实上，只要是与工程建设有关的单位（如政府有关部门、业主、设计单位、物资供应单位、资金贷款单位，以及运输、通信、供电等部门），其工作进度的拖后必将对施工进度产生影响。因此，控制施工进度仅仅考虑施工承包单位是不够的，必须充分发挥监理的作用，协调各相关单位之间的进度关系。而对于那些无法进行协调控制的进度关系，在进度计划的安排中应留有足够的机动时间。

2. 物资供应进度的影响

施工过程中需要的材料、构配件、机具和设备等如果不能按期运抵施工现场或者运抵施工现场后发现其质量不符合有关标准的要求，都会对施工进度产生影响。因此，项目进度控制人员应严格把关，采取有效措施控制好物资供应进度。

3. 资金的影响

工程要顺利施工必须有足够的资金作为保障。一般来说，资金的影响主要来自业主，或者是由于没有及时给足工程预付款，或者是由于拖欠了工程进度款，这些都会影响到承包流动资金的周转，进而殃及施工进度。项目进度控制人员应根据业主的资金供应能力，安排好施工进度计划，并督促业主及时拨付工程预付款和工程进度款，以免因资金供应不足而拖延进度，导致工期索赔。

4. 设计变更的影响

在施工过程中，出现设计变更是难免的，或者是由于原设计有问题需要修改，或者是由于业主提出了新的要求。项目进度控制人员应加强图纸审查，严格控制随意变更，特别对业主的变更要求应引起重视。

5. 施工条件的影响

在施工过程中，一旦遇到气候、水文、地质及周围环境等方面的不利因素，必然会影响到施工进度。此时，承包单位应利用自身的技术组织能力予以克服。监理工程师应积极疏通关系，协助承包单位解决那些自身不能解决的问题。

6. 各种风险因素的影响

风险因素包括政治、经济、技术及自然等方面的各种不可预见的因素。政治方面的有战争、内乱、罢工、拒付债务、制裁等；经济方面的有延迟付款、汇率浮动、换汇控制、通货膨胀、分包单位违约等；技术方面的有工程事故、试验失败、标准变化等；自然方面的有地震、洪水等。

7.承包单位自身管理水平的影响

施工现场的情况千变万化，如果承包单位的施工方案不当、计划不周、管理不善、解决问题不及时等，都会影响工程项目的施工进度。

二、工程项目进度控制的内容和措施

（一）工程项目进度控制的内容

工程建设项目的进度控制是指对工程项目各建设阶段的工作内容、工作程序、持续时间和逻辑关系编制计划，将该计划付诸实施。在实施过程中经常检查实际进度是否按计划要求进行，对出现的偏差分析原因，采取补救措施或调整、修改原计划，直至工程竣工，交付使用。进度控制的最终目标是确保进度目标的实现。

工程建设项目施工阶段进度控制的主要内容包括事前进度控制、事中进度控制和事后进度控制。

1.事前进度控制

事前进度控制，又称“预先进度控制”，是指项目正式施工前所进行的进度控制，其行为主体是监理单位和施工单位的进度控制人员，其具体内容如下。

（1）编制施工阶段进度控制工作细则。控制工作细则是针对具体的施工项目编制的，是实施进度控制的一个指导性文件。

（2）编制或审核施工总进度计划。总进度计划的开、竣工日期必须与项目合同工期的时间要求相一致。为此，要审核承包商编制的总进度计划。当采用多标发包形式施工时，施工总进度计划的编制要保证标与标之间的施工进度保持衔接关系。

（3）审核单位工程施工进度计划。通常，施工单位在编制单位工程施工进度计划时，除满足关键控制日期的要求外，大多数施工过程的安排具有相当大的灵活性，以协调其本身内部各方面的关系。只要不影响合同规定和关键控制工作的进度目标的实现，业主、监理工程师可不予以干涉。

（4）进度计划系统的综合。业主、监理工程师在对施工单位提交的施工进度计划进行审核后，往往要把若干个相互关系的处于同一层次或不同层次的施工进度计划综合成一个多阶群体的施工总进度计划，以利于进度总体控制。这是因为当工程规模较大时，若不进行综合，而只是形成若干个独立部分，那么要想迅速、准确地了解某一局部对另一局部的影响或其对总体的影响是非常困难的。

（5）编制年度、季度、月度工程进度计划。进度控制人员应以施工总进度计划为基础编制年度进度计划，安排年度工程投资额、单项工程的项目、进度和所需各种资源（包括资金、设备材料和施工力量），做好综合平衡，相互衔接。年度计划可作为建设单位拨付工程款和备用金的依据。此外，还需编制季度和月度进度计划，作为施工单位近期执行的指令性计划，以保证施工总进度计划的实施。最后适时发布开工令。

2. 事中进度控制

事中进度控制，又称“同步进度控制”，是指项目施工过程中进行的进度控制，这是施工进度计划能否付诸实现的关键过程。进度控制人员一旦发现实际进度与目标偏离，必须及时采取措施以纠正这种偏差。项目施工过程中进度控制的执行主体是工程施工单位，进度控制主体是监理单位。事中进度控制包括以下具体内容。

（1）建立现场办公室，以保证施工的顺利实施。

（2）协助施工单位实施进度计划，随时注意施工进度计划的关键控制点，了解进度实施的动态。

（3）及时检查和审核施工单位提交的进度统计分析资料和进度控制报表。

（4）严格进行检查。为了解施工进度的实际状况，避免承包单位谎报工作量，需进行必要的现场跟踪检查，以检查现场工作量的实际完成情况，为进度分析提供可靠的数据资料。

（5）做好工程施工进度记录。

（6）对收集的进度数据进行整理和统计，并将计划与实际进行比较，从中发现是否有进度偏差。

（7）分析进度偏差将带来的影响并进行工程进度预测，从而提出可行的修改措施。

（8）重新调整进度计划并付诸实施。

（9）定期向建设单位汇报工程实际进展状况，按期提供必要的进度报告。

（10）组织定期和不定期的现场会议，及时分析、通报工程施工进度状况，并协调施工单位之间的生产活动。

（11）核实已完工程量，签发应付工程进度款。

3. 事后进度控制

事后进度控制，又称“反馈进度控制”，是指完成整个施工任务后进行的进度控制工作，具体包括以下内容。

（1）及时组织验收工作。

（2）处理工程索赔。

（3）整理工程进度资料。施工过程中的工程进度资料一方面为业主提供有用信息；另一方面也是处理工程索赔必不可少的资料，必须认真整理，妥善保存。

（4）工程进度资料的归类、编目和建档。施工任务完成后，这些工程进度资料将作为今后类似项目施工阶段进度控制的有用参考资料，应将其编目和建档。

（5）根据实际施工进度，及时修改和调整验收阶段进度计划及监理工作计划，以保证下一阶段工作的顺利开展。

（二）工程项目进度控制的措施

进度控制的措施包括组织措施、技术措施、合同措施、经济措施和信息管理措施等。

1. 组织措施

组织协调是实现进度控制的有效措施。进度控制的组织措施主要包括：建立进度控制目标体系，明确工程现场监理机构进度控制人员、具体控制任务和管理职责分工；进行项目分解，如按项目结构分、按项目进展阶段分、按合同结构分，并建立编码体系；建立工程进度报告制度及进度信息沟通网络，建立进度计划审核制度和进度计划实施中的检查分析制度；确定进度协调会议制度，包括协调会议举行的时间、地点、参加人员等；建立图纸审查、工程变更和设计变更管理制度；对影响进度目标实现的干扰和风险因素进行分析。风险分析要有依据，主要是根据多年统计资料的积累，对各种因素影响进度的概率及进度拖延的损失值进行计算和预测，并应考虑有关项目审批部门对进度的影响等。

2. 技术措施

工程项目进度控制的技术措施是指采用先进的施工工艺、方法等加快施工进

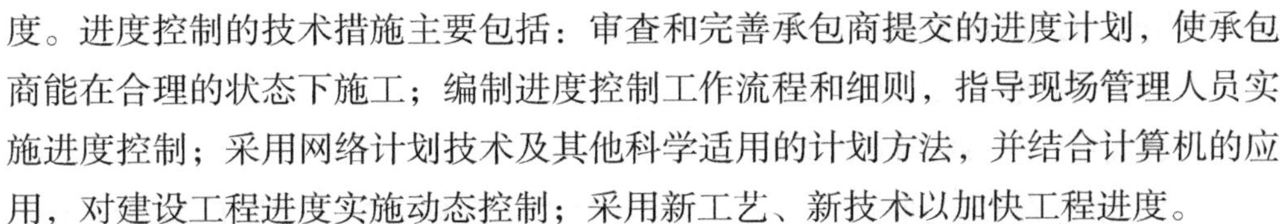

度。进度控制的技术措施主要包括：审查和完善承包商提交的进度计划，使承包商能在合理的状态下施工；编制进度控制工作流程和细则，指导现场管理人员实施进度控制；采用网络计划技术及其他科学适用的计划方法，并结合计算机的应用，对建设工程进度实施动态控制；采用新工艺、新技术以加快工程进度。

3.合同措施

工程项目进度控制的合同措施是指对分包单位签订施工合同的合同工期与有关进度计划目标相协调。进度控制的合同措施主要包括：推行CM承发包模式，对建设工程实行分段设计、分段发包和分段施工；加强合同管理，协调合同工期与进度计划之间的关系，保证进度目标的实现；严格控制合同变更，对各方提出的工程变更和设计变更，监理工程师应严格审查后再补入合同文件之中；加强风险管理，在合同中应充分考虑风险因素及其对进度的影响，以及相应的处理方法；加强索赔管理，公正地处理索赔。

4.经济措施

工程项目进度控制的经济措施是指实现进度计划的资金保证措施。进度控制的经济措施主要包括：及时办理工程预付款及工程进度款支付手续；对应急赶工给予优厚的赶工费用；对工期提前给予奖励；对工程延误收取误期损失赔偿金。

5.信息管理措施

工程项目进度控制的信息管理措施是指不断地收集施工实际进度的有关资料，进行整理统计与计划进度比较，定期地向建设单位提供比较报告。

三、进度计划的控制方法

（一）横道图比较法

横道图比较法是指将项目实施过程中检查实际进度收集到的数据，经加工整理后直接用横道线平行绘于原计划的横道线处，比较实际进度与计划进度的方法。采用横道图比较法，可以形象、直观地反映实际进度与计划进度的比较情况。

1.匀速进展横道图比较法

匀速进展是指在工程项目中，每项工作在单位时间内完成的任务量都是相等的，即每项工作累计完成的任务量与时间呈线性关系。完成的任务量可以用实物工程量、劳动消耗量或费用支出表示。为了便于比较，常用上述物理量的百分比表示。

采用匀速进展横道图比较法时，其步骤如下。

（1）编制横道图进度计划。

（2）在进度计划上标出检查日期。

（3）将检查收集到的实际进度数据经过加工整理后按比例用粗黑线标于计划进度的下方。

该方法仅适用于工作从开始到结束的整个过程中，其进展速度均为固定不变的情况。如果工作的进展速度是变化的，则不能采用这种方法进行实际进度与计划进度的比较；否则，会得出错误的结论。

2.非匀速进展横道图比较法

当工作在不同单位时间里的进展速度不相等时，累计完成的任务量与时间的关系就不可能是线性关系。此时，应采用非匀速进展横道图比较法进行工作实际进度与计划进度的比较。

非匀速进展横道图比较法在用涂黑粗线表示工作实际进度的同时，还要标出其对应时刻完成任务量的累计百分比，并将该百分比与其同时可计划完成任务量的累计百分比相比较，判断工作实际进度与计划进度之间的关系。

由于工作进展速度是变化的，因此，在图中的横道线，无论是计划的还是实际的，只能表示工作的开始时间、完成时间和持续时间，并不表示计划完成的任务量和实际完成的任务量。此外，采用非匀速进展横道图比较法，不仅可以进行某一时刻（如检查日期）实际进度与计划进度的比较，而且还能进行某一时间段实际进度与计划进度的比较。当然，这需要实施部门按规定的时间记录当时的任务完成情况。

横道图比较法虽有记录和比较简单、形象直观、易于掌握、使用方便等优点，但由于其以横道计划为基础，因而带有不可克服的局限性。在横道计划中，各项工作之间的逻辑关系表达不明确，关键工作和关键线路无法确定。一旦某些工作实际进度出现偏差，难以预测其后续工作和工程总工期的影响，也就难以确定相应的进度计划调整方法。因此，横道图比较法主要用于工程项目中某些工作实际进度与计划进度的局部比较。

（二）S曲线比较法

S曲线比较法是以横坐标表示时间，纵坐标表示累计完成任务量，绘制一条按计划时间累计完成任务量的S曲线；然后将工程项目实施过程中各检查时间实际累计完成任务量曲线也绘制在同一坐标系中，进行实际进度与计划进度比较的一种方法。

从整个工程项目进展全过程来看，单位时间投入的资源量一般是开始和结束时较少，中间阶段较多，与其相对应，单位时间完成的任务量也呈现相同的变化规律。而随工程进展累计完成的任务量则应呈S形变化。

（三）香蕉曲线比较法

香蕉型曲线是两种S形曲线组合的闭合曲线。一般来说，按任何一个计划，都可以绘制出两种曲线：一是以各项工作最早开始时间安排进度而绘制的S形曲线，称为“ES曲线”；二是以各项工作最迟开始时间安排进度而绘制的S形曲线，称为“LS曲线”。两条S形曲线都是从计划的开始时间开始和完成时间结束，因此两条曲线是闭合的。一般情况下，ES曲线上的各点均落在LS曲线相应的左侧，形成一个形如香蕉的曲线闭合。

1．香蕉曲线比较法的作用

香蕉曲线比较法能直观地反映工程项目的实际进展情况，并可以获得比S曲线更多的信息。其主要作用有以下几点。

（1）合理安排工程项目进度计划。如果工程项目中的各项工作均按其最早开始时间安排进度，将导致项目的投资加大；而如果各项工作都按其最迟开始时间安排进度，则一旦受到进度影响因素的干扰，又将导致工期拖延，使工程进度风险加大。因此，一个科学合理的进度计划优化曲线应处于香蕉曲线所包括的区域之内。

（2）定期比较工程项目的实际进度与计划进度。在工程项目的实施过程中，根据每次检查收集到的实际完成任务量，绘制出实际进度S曲线，便可以与计划进度进行比较。工程项目实施进度的理想状态是任一时刻工程实际进展点应落在香蕉曲线图的范围之内。如果工程实际进展点落在ES曲线的左侧，表明此刻实际进度比各项工作按其最早开始时间安排的计划进度超前；如果工程实际进展点落在LS曲线的右侧，则表明此刻实际进度比各项工作按其最迟开始时间安排的计划进度落后。

（3）预测后期工程进展趋势。利用香蕉曲线可以对后期工程的进展情况进行预测。检查日期之后的后期工程进度安排，预计该工程项目将提前完成。

2. 香蕉曲线的绘制方法

香蕉曲线的绘制方法与S曲线的绘制方法基本相同，不同之处在于香蕉曲线是以工作按其最早开始时间安排进度和按最迟开始时间安排进度分别绘制的两条S曲线组合而成。

在工程项目实施过程中，根据检查得到的实际累计完成任务量，在原计划香蕉曲线图上绘出实际进度曲线，便可以进行实际进度与计划进度的比较。

（四）前锋线比较法

前锋线比较法主要适用于时标网络计划。前锋线是指在原时标网络计划上，从检查时刻的时标点出发，用点画线依此将各项工作实际进展位置点连接而成的折线。前锋线比较法就是通过实际进度前锋线与原进度计划中各工作箭线交点的位置来判断工作实际进度与计划进度的偏差，进而判定该偏差对后续工作及总工期影响程度的一种方法。

采用前锋线比较法进行实际进度与计划进度的比较，其步骤如下。

1. 绘制时标网络计划图

工程项目实际进度前锋线是在时标网络计划图上标示的，为清楚起见，可在时标网络计划图的上方和下方各设一时间坐标。

2. 绘制实际进度前锋线

一般从时标网络计划图上方时间坐标的检查日期开始绘制，依次连接相邻工作的实际进展位置点，最后与时标网络计划图下方坐标的检查日期相连接。

工作实际进展位置点的标定方法有两种。

（1）按该工作已完任务量比例进行标定。

（2）按尚需作业时间进行标定。

3. 进行实际进度与计划进度的比较

前锋线可以直观地反映出检查日期有关工作实际进度与计划进度之间的关系。对某项工作来说，其实际进度与计划进度之间的关系可能存在以下三种情况。

（1）工作实际进展位置点落在检查日期的左侧，表明该工作实际进度拖后，拖后的时间为二者之差。

（2）工作实际进展位置点与检查日期重合，表明该工作实际进度与计划进度一致。

（3）工作实际进展位置点落在检查日期的右侧，表明该工作实际进度超前，超前的时间为二者之差。

4. 预测进度偏差对后续工作及总工期的影响

通过实际进度与计划进度的比较确定进度偏差后，还可根据工作的自由时差和总时差预测该进度偏差对后续工作及项目总工期的影响。由此可见，前锋线比较法既适用于工作实际进度与计划进度之间的局部比较，又可用来分析和预测工程项目整体进度状况。

（五）列表比较法

当工程进度计划用非时标网络图表示时，可以采用列表比较法进行实际进度与计划进度的比较。这种方法是记录检查日期应该进行的工作名称及其已经作业的时间，然后列表计算有关时间参数，并根据工作总时差进行实际进度与计划进度比较的方法。

采用列表比较法进行实际进度与计划进度的比较，其步骤如下。

1. 对于实际进度检查日期应该进行的工作，根据已经作业的时间，确定其尚需作业时间。

2. 根据原进度计划计算检查日期应该进行的工作从检查日期到原计划最迟完成时尚余时间。

3. 计算工作尚有总时差，其值等于工作从检查日期到原计划最迟完成尚余时间与该工作尚需作业时间之差。

4. 比较实际进度与计划进度，可能有以下几种情况。

（1）如果工作尚有总时差与原有总时差相等，说明该工作实际进度与计划进度一致。

（2）如果工作尚有总时差大于原有总时差，说明该工作实际进度超前，超前的时间为二者之差。

（3）如果工作尚有总时差小于原有总时差，且仍为非负值，说明该工作实际进度拖后，拖后的时间为二者之差，但不影响总工期。

（4）如果工作尚有总时差小于原有总时差，且为负值，说明该工作实际进度拖后，拖后的时间为二者之差，此时工作实际进度偏差将影响总工期。

四、进度计划的调整方法分析

（一）分析进度偏差对工程项目的影响

工程项目实施过程中，通过实际进度与计划进度的比较，发现有进度偏差时，需要分析该偏差对后续工作及总工期的影响，从而采取相应的调整措施对原进度计划进行调整，以确保工期目标的顺利实现。进度偏差的大小及其所处的位置不同，对后续工作和总工期的影响程度是不同的，分析时需要利用网络计划中工作总时差和自由时差的概念进行判断。分析步骤如下。

1. 分析出现进度偏差的工作是否为关键工作

如果出现进度偏差的工作为关键工作，则无论其偏差有多大，都将对后续工作和总工期产生影响，必须采取相应的调整措施；如果出现偏差的工作是非关键工作，则需要根据进度偏差值与总时差和自由时差的关系做进一步分析。

2. 分析进度偏差是否超过总时差

如果工作的进度偏差大于该工作的总时差，则此进度偏差必将影响其后续工作和总工期，必须采取相应的调整措施；否则，则此进度偏差不影响总工期。至于对后续工作的影响程度，还需要根据偏差值与其自由时差的关系作进一步分析。

3. 分析进度偏差是否超过自由时差

如果工作的进度偏差大于该工作的自由时差，则此进度偏差将对其后续工作产生影响，此时应根据后续工作的限制条件确定调整方法；如果工作的进度偏差未超过该工作的自由时差，则此进度偏差不影响后续工作，因此原进度计划可以不作调整。

通过分析，进度控制人员可以根据进度偏差的影响程度，制定相应的纠偏措施进行调整，以获得符合实际进度情况和计划目标的新进度计划。

（二）进度计划的调整方法

当实际进度偏差影响到后续工作、总工期而需要调整进度计划时，其调整方法主要有三种。

1. 调整工作顺序，改变某些工作间的逻辑关系

当工程项目实施中产生的进度偏差影响到总工期，且有关工作的逻辑关系允许改变时，可以改变关键线路和超过计划工期的非关键线路上的有关工作之间的

逻辑关系，达到缩短工期的目的。例如，将顺序进行的工作改为平行作业、搭接作业以及分段组织流水作业等，都可以有效地缩短工期。

2. 缩短某些工作的持续时间

这种方法是不改变工作之间的逻辑关系，而是缩短某些工作的持续时间，而使施工进度加快，并保证实现计划工期的方法。这些被压缩持续时间的工作是位于关键线路和超过计划工期的非关键线路上的工作。同时，这些工作又是持续时间可被压缩的工作。这种方法实际上就是网络计划优化中的工期优化方法和工期与费用优化的方法，通常可以在网络图上直接进行。其调整方法视限制条件及对其后续工作的影响程度的不同而有所区别，一般可分为以下三种情况。

（1）网络计划中某项工作进度拖延的时间已超过其自由时差但未超过其总时差。如前所述，此时该工作的实际进度不会影响总工期，而只对其后续工作产生影响。因此，在进行调整前，需要确定其后续工作允许拖延的时间限制，并以此作为进度调整的限制条件。该限制条件的确定常常较复杂，尤其是当后续工作由多个平行的承包单位负责实施时更是如此。后续工作如不能按原计划进行，在时间上产生的任何变化都可能使合同不能正常履行，而导致蒙受损失的一方提出索赔。因此，必须寻求合理的调整方案，把进度拖延对后续工作的影响减少到最低程度。

（2）网络计划中某项工作进度拖延的时间超过其总时差。如果网络计划中某项工作进度拖延的时间超过其总时差，则无论该工作是否为关键工作，其实际进度都将对后续工作和总工期产生影响。此时，进度计划的调整方法又可分为以下三种情况。

①项目总工期不允许拖延。如果工程项目必须按照原计划工期完成，则只能采取缩短关键线路上后续工作持续时间的方法来达到调整计划的目的。这种方法实质上就是工期优化的方法。

②项目总工期允许拖延。如果项目总工期允许拖延，则此时只需以实际数据取代原计划数据，并重新绘制实际进度检查日期之后的简化网络计划即可。

③项目总工期允许拖延的时间有限。如果项目总工期允许拖延，但允许拖延的时间有限。当实际进度拖延的时间超过此限制时，也需要对网络计划进行调整，以便满足要求。

具体的调整方法是以总工期的限制时间作为规定工期，对检查日期之后尚未实施的网络计划进行工期优化，即通过缩短关键线路上后续工作持续时间的方法来使总工期满足规定工期的要求。

以上三种情况均是以总工期为限制条件调整进度计划的。值得注意的是，当某项工作实际进度拖延的时间超过其总时差而需要对进度计划进行调整时，除需考虑总工期的限制条件外，还应考虑网络计划中后续工作的限制条件，特别是对总进度计划的控制更应注意这一点。因为在这类网络计划中，后续工作也许就是一些独立的合同段。时间上的任何变化，都会带来协调上的麻烦或者引起索赔。因此，当网络计划中某些后续工作对时间的拖延有限制时，同样需要以此为条件，按前述方法进行调整。

（3）网络计划中某项工作进度超前。在建设工程计划阶段所确定的工期目标，往往是综合考虑了各方面因素而确定的合理工期。因此，时间上的任何变化，无论是进度拖延还是超前，都可能造成其他目标的失控。例如，在一个建设工程施工总进度计划中，由于某项工作的进度超前，致使资源的需求发生变化，而打乱了原计划对人、材、物等资源的合理安排，亦将影响资金计划的使用和安排；特别是当多个平行的承包单位进行施工时，由此引起后续工作时间安排的变化，势必给监理工程师的协调工作带来许多麻烦。因此，如果建设工程实施过程中出现进度超前的情况，进度控制人员必须综合分析进度超前对后续工作产生的影响，并同承包单位协商，提出合理的进度调整方案，以确保工期总目标的顺利实现。

3 . 增、减工作项目

（1）增、减工作项目应做到不打乱原计划总的逻辑关系，只对局部逻辑关系进行调整。

（2）在增、减工作项目以后，应重新计算时间参数，分析对原网络计划的影响。当对工期有影响时，应采取调整措施，以保证计划工期不变。

4 . 调整项目进度计划

重新安排工作次序，调整力量，重新编制网络计划。

第五章　水利工程施工企业安全管理

第一节　安全生产目标管理与人员配备

一、安全生产目标管理

（一）安全生产目标的制定

1.目标制定原则

水利工程施工企业应结合企业生产经营特点，科学分析，按如下原则制定目标。

（1）突出重点，分清主次。安全生产目标制定不能面面俱到，应突出事故伤亡率、财产损失额、隐患治理率等重要指标，同时注意次要目标对重点目标的有效配合。

（2）安全目标具有综合性、先进性和适用性。制定的安全管理目标，既要保证上级下达指标的完成，又要考虑企业各部门、各项目部及每个职工的承担能力，使各方都能接受并努力完成。一般来说，制定的目标要略高于实际的能力与水平，使之经过努力可以完成，但不能高不可攀、不切实际，也不能低而不费力，容易达到。

（3）目标的预期结果具体化、定量化。利于同期比较，易于检查、评价与考核。

（4）坚持目标与保证目标实现措施的统一性。为使目标管理更具有科学性、针对性和有效性，在制定目标时必须有保证目标实现的措施。

2. 目标制定依据

安全生产目标应尽可能量化，便于考核。目标制定时应考虑下列因素。

（1）国家的有关法律法规、规章、制度和标准的规定及合同约定。

（2）水利行业安全生产监督管理部门的要求。

（3）水利行业安全技术水平和项目特点。

（4）本企业中长期安全生产管理规划和本企业的经济技术条件与安全生产工作现状。

（5）采用的工艺与设施设备状况等。

3. 目标主要内容

安全生产目标应经单位主要负责人审批，并以文件的形式发布，安全生产目标应主要包括但不限于下列内容。

（1）安全生产事故控制目标。

（2）安全生产投入目标。

（3）安全生产教育培训目标。

（4）安全生产事故隐患排查治理目标。

（5）重大危险源监控目标。

（6）应急管理目标。

（7）文明施工管理目标。

（8）人员、机械、设备、交通、消防、环境和职业健康等方面的安全管理控制指标等。

（二）安全生产目标的分解与实施

1. 安全生产目标的实施保障

安全生产目标是由上而下层层分解的，实施保障是由下而上层层保证的。水利工程施工企业各级组织和人员应采取以下措施保障安全生产目标的落实。

（1）宣传教育。应落实宣传教育的具体内容、时间安排、参加人员，采取有效的办法切实增强各级主体的责任意识，使安全生产目标深入人心。

（2）监督检查。企业应当对安全生产目标的落实情况进行有效的监督、指导、协调和控制，责任制的各级主体应定期深入下级部门，了解和检查目标完成情况，及时纠偏、调整安全生产目标实施计划，交换工作意见，并进行必要的具体指导。

（3）自我管理。安全目标的实施还需要依靠各级组织和员工的自我管理、自我控制，各部门各级人员的共同努力和协作配合，通过有效的协调消除各阶段、各部门间的矛盾，保证目标按计划顺利进行。

（4）考核评比。安全生产目标的实施必须与经济挂钩，企业应当在检查的基础上定期组织目标达标考核和安全评比活动，奖优惩劣，提高员工参与安全管理积极性。

2.安全生产目标管理过程的注意事项

水利工程施工企业在安全目标管理过程中应当重点注意以下几点。

（1）要加强各级人员对安全目标管理的认识。企业管理层尤其是主要负责人对安全目标管理要有深刻的认识，要深入调查研究，结合本单位实际情况，制定企业的总目标，并参加全过程的管理，负责对目标实施进行指挥、协调；要加强对中层和基层干部的思想教育，提高他们对安全目标管理重要性的认识和组织协调能力，这是总目标实现的重要保证；还要加强对员工的宣传教育，普及安全目标管理的基本知识与方法，充分发挥员工在目标管理中的作用。

（2）企业要有完善的、系统的安全基础工作。企业安全基础工作的水平，直接关系着安全目标制定的科学性、先进性和客观性。制定可行的目标管理指标和保证措施，需要企业有完善的安全管理基础资料和监测数据。

（3）安全目标管理需要全员参与。安全目标管理是以目标责任者为主的自主管理，是通过目标的层层分解、措施的层层落实来实现的。将目标落实到每个人身上，渗透到每个环节，使每个员工在安全管理上都承担一定的目标责任。因此，必须充分发动群众，将企业的全体员工科学地组织起来，实行全员、全过程、全方位参与，才能保证安全目标的有效实施。

（4）安全目标管理需要责、权、利相结合。实施安全目标管理时要明确员工在目标管理中的职责，没有职责的责任制只会流于形式。同时，要根据目标责任大小和完成任务的需要赋予他们在日常管理上的权力，还要给予他们应得的利益，责、权、利的有机结合才能调动广大员工的积极性和持久性。

（5）安全目标管理要与其他安全管理方法相结合。安全目标管理是综合性很强的科学管理方法，是企业安全管理的“纲”，是一定时期内企业安全管理的集中体现。在实现安全目标过程中，要依靠和发挥各种安全管理方法的作用，如制订安全技术措施计划、开展安全教育和安全检查等。只有两者有机结合，才能使企业的安全管理工作做得更好。

二、安全生产管理机构与人员配备

（一）安全生产管理机构设置及职责

1. 安全生产领导小组

水利工程施工企业安全生产领导小组（或安全生产管理委员会）由企业主要负责人、分管安全生产的副总经理、技术负责人、相关部门主要负责人等组成，至少每季度召开一次会议，总结分析本单位的安全生产情况，评估本单位存在的风险，研究解决安全生产工作中的重大问题，决策企业安全生产的重大事项，并形成会议纪要，及时通报相关各方。

水利工程施工企业安全生产领导小组应主要履行下列职责。

（1）贯彻国家有关法律法规、规章、制度和标准，建立、完善施工安全管理制度。

（2）组织制订安全生产目标管理计划，建立健全项目安全生产责任制。

（3）部署安全生产管理工作，决定安全生产重大事项，协调解决安全生产重大问题。

（4）组织编制施工组织设计、专项施工方案、安全技术措施计划、事故应急救援预案和安全生产费用使用计划等。

（5）组织安全生产绩效考核等。

2. 安全生产管理部门

（1）贯彻国家有关法律法规、规章、制度和标准。

（2）组织或参与拟订安全生产规章制度、操作规程和生产安全事故应急救援预案，制订安全生产费用使用计划，编制施工组织设计、专项施工方案、安全技术措施计划，检查安全技术交底工作。

（3）组织重大危险源监控和生产安全事故隐患排查治理，提出改进安全生产管理的建议。

（4）负责安全生产教育培训和管理工作，如实记录安全生产教育和培训情况。

（5）组织事故应急救援预案的演练工作。

（6）组织或参与安全防护设施、设施设备、危险性较大的单项工程验收。

（7）制止和纠正违章指挥、违章作业和违反劳动纪律的行为。

（8）负责项目安全生产管理资料的收集、整理、归档，按时上报各种安全生产报表和材料。

（9）统计、分析和报告生产安全事故，配合事故的调查和处理等。

（二）安全生产管理人员配备及职责

1. 人员配备

（1）建筑施工总承包资质序列企业：特级资质不少于6人；一级资质不少于4人；二级和二级以下资质企业不少于3人。

（2）建筑施工专业承包资质序列企业：一级资质不少于3人；二级和二级以下资质企业不少于2人。

（3）建筑施工劳务分包资质序列企业：不少于2人。

（4）建筑施工企业的分公司、区域公司等较大的分支机构应依据实际生产情况配备不少于2人的专职安全生产管理人员。

2. 人员职责

水利施工企业专职安全生产管理人员在施工现场检查过程中具有以下职责。

（1）查阅在建项目安全生产有关资料，核实有关情况。

（2）检查危险性较大工程安全专项施工方案落实情况。

（3）监督项目专职安全生产管理人员履责情况。

（4）监督作业人员安全防护用品的配备及使用情况。

（5）对发现的安全生产违章违规行为或安全隐患，有权当场予以纠正或作出处理决定。

（6）对不符合安全生产条件的设施、设备、器材，有权当场作出查封的处理决定。

（7）对施工现场存在的重大安全隐患有权越级报告或直接向建设主管部门报告。

（8）企业明确的其他安全生产管理职责。

（三）施工现场管理机构设置及人员配备

1. 安全生产领导小组

（1）贯彻落实国家有关安全生产法律法规和标准。

（2）组织制定项目安全生产管理制度并监督实施。

（3）编制项目生产安全事故应急救援预案并组织演练。

（4）保证项目安全生产费用的有效使用。

（5）组织编制危险性较大的工程安全专项施工方案。

（6）开展项目安全教育培训。

（7）组织实施项目安全检查和隐患排查。

（8）建立项目安全生产管理档案。

（9）及时、如实报告安全生产事故。

2.项目负责人

施工现场的项目负责人应由取得相应执业资格的人员担任，对水利工程项目的安全施工负责，落实安全生产责任制度、安全生产规章制度和安全操作规程，确保安全生产费用的有效使用，并根据工程特点组织制定安全施工措施，消除安全事故隐患，及时、如实报告安全生产事故。

3.项目专职安全生产管理人员

（1）负责施工现场安全生产日常检查并做好检查记录。

（2）现场监督危险性较大工程安全专项施工方案实施情况。

（3）对作业人员违规违章行为有权予以纠正或查处。

（4）对施工现场存在的安全隐患有权责令立即整改。

（5）对于发现的重大安全隐患，有权向企业安全生产管理机构报告。

（6）依法报告生产安全事故情况。

水利工程施工企业应当实行项目专职安全生产管理人员委派制度，受委派的专职安全生产管理人员应当定期将项目安全生产管理情况报告给企业安全生产管理机构。

施工单位应每周由项目部负责人主持召开一次安全生产例会，分析现场安全生产形势，研究解决安全生产问题。各部门负责人、各班组长、分包单位现场负责人等参加会议。会议应形成详细记录，并形成会议纪要。

第二节　安全生产规章制度与检查

一、安全生产规章制度

（一）安全生产规章制度概述

1.建立健全安全生产规章制度的必要性

建立健全安全生产规章制度是水利施工企业安全生产的重要保障。安全风险来自生产经营过程，只要生产经营活动在进行，安全风险就客观存在。客观上需要企业对施工过程中的机械设备、人员操作进行系统分析、评价，制订出一系列的操作规程和安全控制措施，以保障生产经营工作有序、安全地运行，将安全风险降到最低。

建立健全安全生产规章制度是水利工程施工企业保护从业人员安全与健康的重要手段。国家有关保护从业人员安全与健康的法律法规、国家和行业标准的具体实施，只有通过企业的安全生产规章制度才能体现出来，才能使从业人员明确自己的权利和义务。同时，也为从业人员遵章守纪提供了标准和依据。

2. 安全生产规章制度建设的依据与原则

安全生产规章制度是以安全生产法律法规、国家和行业标准、地方政府的法规和标准为依据。水利工程施工企业安全生产规章制度是一系列法律法规在企业生产经营过程具体贯彻落实的体现，安全生产规章制度建设必须按照“安全第一，预防为主，综合治理”的要求，坚持主要负责人负责、系统性、规范化和标准化等原则。安全第一，要求企业必须把安全生产放在各项工作的首位，正确处理安全生产与工程进度、经济效益的关系；预防为主，就是要求企业的安全生产管理工作要以对危险有害因素的辨识、评价和控制为基础，建立安全生产规章制度，通过制度的实施达到规范人员行为，消除不安全状态，实现安全生产的目标；综合治理，就是要求在管理上综合采取组织措施、技术措施，落实责任，各负其责，齐抓共管。

（1）主要负责人负责的原则。《中华人民共和国安全生产法》规定，“建立、健全本单位安全生产责任制，组织制定本单安全生产规章制度和操作规程，是生产经营单位的主要负责人的职责”。安全生产规章制的建设和实施，涉及生产经营单位的各个环节和全体人员，只有主要负责人负责，才能有效调动和使用企业的所有资源，才能协调好各方关系，规章制度的落实才能够得到保证。

（2）系统性原则。安全风险来自生产经营活动过程之中，因此，安全生产规章制度的建设应按照安全系统工程的原理，涵盖生产经营的全过程、全员、全方位。

（3）规范化和标准化原则。水利工程施工企业安全生产规章制度的建设应实现规范化和标准化管理，以确保安全生产规章制度建设的严密、完整、有序，建立完整的安全生产规章制度体系，建立安全生产规章制度起草、审核、发布、教育培训、执行、反馈、持续改进的组织管理程序，做到目的明确、流程清晰、具有可操作性。

3. 水利施工企业安全生产规章制度体系

（1）综合安全管理制度。包括但不限于安全生产目标管理制度、安全生产责任制度、安全生产考核奖惩制度、安全管理定期例行工作制度、安全设施和费用管理制度、安全技术措施审查制度、技术交底制度、分包（供）方管理制度、重大危险源管理制度、危险物品使用管理制度、危险性较大的单项工程管理制度、隐患排查和治理制度、事故调查报告处理制度、应急管理制度、消防安全管理制度、社会治安管理制度、安全生产档案管理制度等。

（2）人员安全管理制度。包括但不限于安全教育培训制度、人身意外伤害保险管理制度、劳保用品发放使用和管理制度、安全工器具使用管理制度、用工管理制度、特种作业及特殊危险作业管理制度、岗位安全规范、职业健康管理制度、现场作业安全管理制度等。

（3）设施设备安全管理制度。包括但不限于生产设备设施安全管理制度、定期巡视检查制度、定期检测检验制度、定期维护检修制度、安全操作规程。

（4）环境安全管理制度。包括但不限于安全标准管理制度、作业环境管理制度、职业卫生与健康管理制度等。

4. 安全生产规章制度的管理

（1）起草。一般由企业安全生产管理部门或相关职能部门负责起草，起草前应对目的、适用范围、主管部门、解释部门及实施日期等给予明确，同时还应做好相关资料的准备和收集工作。

规章制度编制应做到目的明确、条理清楚、结构严谨、用词准确、文字简明、标点符号正确。水利工程施工企业安全生产规章制度应至少包含：①适用范围；②具体内容和要求；③责任人（部门）的职责与权限；④基本工作程序及标准；⑤考核与奖惩措施。

（2）会签或公开征求意见。起草的规章制度，应通过正式渠道征得相关职能部门或员工的意见和建议，以利于规章制度颁布后的贯彻落实。当意见不能取得一致时，应由安全生产领导小组组织讨论，统一认识，达成一致。

（3）审核。制度签发前，应进行审核。一是由企业负责法律事务的部门进行合规性审查；二是专业技术性较强的规章制度应邀请相关专家进行评审；三是安全奖惩等涉及全员性的制度，应经过职工代表大会或职工代表审议。

（4）签发。技术规程、安全操作规程等技术性较强的安全生产规章制度，一般由企业主管生产的领导或总工程师签发，涉及全局性的综合管理制度应由企业的主要负责人签发。

（5）发布。应采用固定的方式进行发布，如红头文件式、内部办公网络等。发布的范围应涵盖应执行的部门、人员，有些特殊的制度还须正式送达相关人员，并由接收人员签字。

（6）培训。新颁布的安全生产规章制度、修订的安全生产规章制度，应组织进行培训，安全操作规程类规章制度还应组织相关人员进行考试。

（7）反馈。应定期检查安全生产规章制度执行中存在的问题，建立信息反馈渠道，及时掌握安全生产规章制度的执行效果。

（8）持续改进。水利工程施工企业应将适用的安全生产法律法规、规章制度、标准清单和企业安全生产管理制度、安全操作规程（手册）分门别类印制成册或制作电子文档配发给单位各部门和各岗位，组织全体从业人员学习，并做好学习记录。企业安全生产管理部门应每年至少一次组织对本单位执行安全生产法律法规、规章制度、标准清单和企业安全管理制度、安全操作规程（手册）情况进行检查评估，评估报告应当报企业法人和企业安全生产领导小组审阅。对安全操作规程，除每年进行审查和修订外，每3～5年应进行一次全面修订，并重新发布。企业应根据检查评估结论，对本单位制订的安全生产管理制度实行动态管理，及时进行修订、备案和重新编印。

（二）安全生产责任制

1.安全生产责任制的制定原则

（1）法制性原则。企业安全生产责任制度的建立要遵循国家安全生产方面的法律法规，同时也要遵循一些地方性的安全生产法律法规。

（2）科学性原则。科学性原则就是在制定企业安全生产责任制度时，要有根据，使制定的制度与本企业、本项目、本工序的生产实际相符合，而不是简单地仅凭自己的经验体会去制定。

（3）民主性原则。责任制度是规范劳动者行为，并为行为负责。企业安全生产责任制度的内容要从企业实际出发，广泛听取劳动者意见，集思广益、综合分析，能反映全体劳动者的客观意愿。企业责任制度要本着公开的精神，使得全体劳动者都知道规章制度，特别是应清晰知道自己所承担的责任，这是民主原则的重要体现，也是实现民主的有效方式和途径。

（4）有效性原则。包括两个方面：一是制度本身能对防止事故有效；二是制度执行有效。要保证制度的有效性必须做到内容规定明确，与实际相符，制度具有可操作性。

2.安全生产责任制的制定程序

水利工程施工企业安全生产责任制的制定一般参照以下程序。

（1）确定主体责任制度管理机构。水利工程施工企业应当设立专门的安全生产管理部门负责安全生产责任制的制定和管理工作。

（2）资料收集和分析。对企业生产活动进行分解，确定安全生产任务和安全生产目标。

（3）安全生产责任制度的编写。成立编写组，根据安全生产任务和安全生产目标，提出主体责任制度的整体架构，确定责任清单，编写制度初稿。

（4）讨论修改与审议审定。安全生产责任制度应当经充分讨论，也可聘请外部专家进行专题咨询和评审，讨论由企业安全生产管理部门组织，讨论修改后应提交企业安全生产领导小组审议或提交企业董事会、总经理办公会议等决策机构审定。审定后应当及时发布。

安全生产责任制度的建立程序主要体现在制度编写前准备、制度编写和制度执行反馈后修改等环节，而对于具体的细节问题，企业可根据实际进行调整，以期达到最佳效果。

3.安全生产责任制体系

水利施工企业应当建立完整的安全生产责任制体系，范围覆盖本企业所有组织、管理部门和岗位，纵向到底，横向到边，其主要包括两个方面：一是纵向方面，应涵盖各级人员；二是横向方面，应涵盖各职能部门。

各级人员主要包括公司总经理、分管安全生产工作副总经理、总工程师（技术负责人）、工程项目部经理、工长、施工员、专职安全管理人员、工程项目技术负责人、工程项目安全管理人员、班组长、操作人员等。各级部门主要包括工程管理部门、财务部门、安全生产管理部门、人力资源管理部门、质检部门、生产技术管理部门、机械设备管理部门、消防保卫管理部门、工会、分包单位等。

4．安全生产责任制的执行与考评

水利工程施工企业建立安全生产责任制的同时，要结合企业实际建立健全各项配套制度，特别要发挥工会的监督作用，保证安全生产责任制真正得到落实。要建立安全生产监督检查制度，强化日常的监督检查工作；要建立有效的考评奖惩制度，对责任制落实情况进行考核与奖惩；要建立严格的责任追究制度，完善问责机制，确保责任制的真正落实到位。

水利工程施工企业安全生产责任制应以文件形式印发，企业安全管理部门应每季度对安全生产责任制落实情况进行检查、考核，记录在案；应定期组织对相关安全生产责任制的适宜性进行评估，根据评估结论，及时更新和调整责任制内容，保证安全生产责任制的及时有效性。更新后的安全生产责任制应按规定进行备案，并以文件形式重新印发。

（三）安全管理人员安全管理职责

1．企业主要负责人

水利工程施工企业主要负责人是安全生产第一责任人，对全企业的安全生产工作全面负责，必须保证本企业安全生产和企业员工在工作中的安全、健康和生产过程的顺利进行。水利工程施工企业主要负责人应履行下列安全管理职责。

（1）贯彻执行国家法律法规、规章、制度和标准，建立健全安全生产责任制，组织制定安全生产管理制度、安全生产目标计划、生产安全事故应急救援预案。

（2）保证安全生产费用的足额投入和有效使用。

（3）组织安全教育和培训，依法为从业人员办理保险。

（4）组织编制、落实安全技术措施和专项施工方案。

（5）组织危险性较大的单项工程、重大事故隐患治理和特种设备验收。

（6）组织事故应急救援演练。

（7）组织安全生产检查，制定隐患整改措施并监督落实。

（8）及时、如实报告安全生产事故，组织生产安全事故现场保护和抢救工作，组织、配合事故的调查等。

2．企业技术负责人

水利工程施工企业技术负责人主要负责项目施工安全技术管理工作，其应履行下列安全管理职责。

（1）组织施工组织设计、专项工程施工方案、重大事故隐患治理方案的编制和审查。

（2）参与制定安全生产管理规章制度和安全生产目标管理计划。

（3）组织工程安全技术交底。

（4）组织事故隐患排查、治理。

（5）组织项目施工安全重大危险源的识别、控制和管理。

（6）参与或配合安全生产事故的调查等。

3.项目负责人

水利施工企业项目负责人是施工现场安全生产的第一责任人，对施工现场的安全生产全面负责。水利施工企业项目负责人主要有下列安全生产职责。

（1）依据项目规模特点，建立安全生产管理体系，制定本项目安全生产管理具体办法和要求，按有关规定配备专职安全管理人员，落实安全生产管理责任，并组织监督、检查安全管理工作实施情况。

（2）组织制订具体的施工现场安全施工费用计划，确保安全生产费用的有效使用。

（3）负责组织项目主管、安全副经理、总工程师、安监人员落实施工组织设计、施工方案及其安全技术措施，监督单元工程施工中安全施工措施的实施。

（4）项目开工前，对施工现场形象进行规划、管理，达到安全文明工地标准。

（5）负责组织对本项目全体人员进行安全生产法律法规、制度以及安全防护知识与技能的培训教育。

（6）负责组织项目各专业人员进行危险源辨识，做好预防预控，制订文明安全施工计划并贯彻执行；负责组织安全生产和文明施工定期与不定期检查，评估安全管理绩效，研究分析并及时解决存在的问题；同时，接受上级机关对施工现场安全文明施工的检查，对检查中发现的事故隐患和提出的问题，定人、定时间、定措施予以整改，及时反馈整改意见，并采取预防措施避免重复发生。

（7）负责组织制定安全文明施工方面的奖惩制度，并组织实施。

（8）负责组织监督分包单位在其资质等级许可的范围内承揽业务，并根据有关规定以及合同约定对其实施安全管理。

（9）组织制定安全生产事故的应急救援预案。

（10）及时、如实报告生产安全事故，组织抢救，做好现场保护工作，积极配合有关部门调查事故原因，提出预防事故重复发生和防止事故危害扩延的措施。

4. 专职安全生产管理人员

水利施工企业专职安全生产管理人员应履行下列安全管理职责。

（1）组织或参与制定安全生产各项规章制度、操作规程和安全生产事故应急救援预案。

（2）协助企业主要负责人签订安全生产目标责任书，并进行考核。

（3）参与编制施工组织设计和专项施工方案，制定并监督落实重大危险源安全管理和重大事故隐患治理措施。

（4）协助项目负责人开展安全教育培训、考核。

（5）负责安全生产日常检查，建立安全生产管理台账。

（6）制止和纠正违章指挥、强令冒险作业和违反劳动纪律的行为。

（7）编制安全生产费用使用计划并监督落实。

（8）参与或监督班前安全活动和安全技术交底。

（9）参与事故应急救援演练。

（10）参与安全设施设备、危险性较大的单项工程、重大事故隐患治理验收。

（11）及时报告安全生产事故，配合调查处理。

（12）负责安全生产管理资料收集、整理和归档等。

5. 班组长

班组长应履行下列安全管理职责。

（1）执行国家法律法规、制度、标准和安全操作规程，掌握班组人员的健康状况。

（2）组织学习安全操作规程，监督个人劳动保护用品的正确使用。

（3）负责安全技术交底和班前教育。

（4）检查作业现场安全生产状况，及时发现并纠正问题。

（5）组织实施安全防护、危险源管理和事故隐患治理等。

二、安全生产检查

（一）安全生产检查的类型

1. 安全生产定期检查

定期检查一般是由水利工程施工企业统一组织实施，通过有计划、有组织、有目的的形式来实现。检查周期的确定应根据企业的规模、性质以及地区气候、地理环境等确定。定期检查具有组织规模大、检查范围广、有深度、能及时发现并解决问题等特点，可与重大危险源评估、现状安全评价等工作结合开展。

2. 经常性安全生产检查

经常性安全生产检查是由水利工程施工企业的安全生产管理部门组织进行的日常检查，有交接班检查、班中检查、特殊检查等几种形式，包括企业领导、安全生产管理部门和专职安全管理人员对施工作业情况的巡视或抽查等。经常性检查一般应制定检查路线、检查项目、检查标准，并设置专用的检查记录本。

3. 季节性及节假日前后安全生产检查

由水利工程施工企业统一组织，检查内容和范围则根据季节变化，按事故发生的规律，对易发的潜在危险，突出重点进行检查。检查内容主要包括冬季防冻保温、防火、防煤气中毒，夏季防暑降温、防汛、防雷电等检查。近几年，国家对五一、十一、元旦、春节等重要的节假日和社会影响较大的重要会议、重要活动等期间均会提出明确的检查要求，水利工程施工企业应当特别重视。

4. 安全生产专业（项）检查

安全生产专业（项）检查是对某个专业（项）问题或在施工中存在的普遍性安全问题进行的单项定性或定量检查，内容包括对危险性较大的在用设备、设施，作业场所环境条件的管理性或监督性定量检测检验等。专业（项）检查具有较强的针对性和专业要求，有时需要结合专业机构或专家咨询进行，用于检查难度较大的项目。

5. 综合性安全生产检查

综合性安全生产检查一般是由上级主管部门或地方政府负有安全生产监督管理职责的部门组织的对施工企业或施工项目开展的安全检查，其检查方式、内容由检查组织部门根据检查目的具体确定。

6. 职工代表不定期对安全生产的巡查

生产经营单位的工会应定期或不定期组织职工代表进行安全生产检查，这体现了安全生产管理群防群治的基本理念，巡查往往被大多数水利施工企业忽视。职工代表不定期巡查，重点检查国家安全生产方针、法规的贯彻执行情况，各级人员安全生产责任制和规章制度的落实情况，从业人员安全生产权利的保障情况，生产现场的安全状况等。

（二）安全生产检查内容

安全生产检查包括检查软件系统和硬件系统两部分。软件系统主要是查思想、查意识、查制度、查管理、查事故处理、查隐患、查整改。硬件系统主要是查生产设备、查辅助设施、查安全设施、查作业环境。

1.重点检查内容

安全生产检查对象应本着突出重点的原则进行确定。对于危险性大、易发事故、事故危害大的生产系统、部位、装置、设备等应加强检查。一般应重点检查以下内容。

（1）易造成重大损失的易燃易爆危险物品、剧毒品、锅炉、压力容器、起重设备、运输设备、冶炼设备、电气设备、冲压机械、高处作业和易发生工伤、火灾、爆炸等事故的设备、工种、场所及其作业人员。

（2）易造成职业中毒或职业病的尘毒产生点及岗位作业人员。

（3）直接管理的重要危险点和有害点的部门及其负责人。

2.一般检查内容

水利工程施工企业安全生产检查应当包括以下内容。

（1）检查企业安全生产责任制度制定及落实情况。

（2）检查项目经理部是否定期组织内部安全检查、召开内部安全工作会议。

（3）检查企业内部安全检查的记录是否齐全、有效。

（4）检查企业安全文明施工责任区域管理情况，包括：施工区域封闭管理情况；施工区域标志情况（责任人、危险源、控制措施）；施工区域电源箱按行业安全标准配置情况；施工区域安全标志牌挂设情况；施工区域存在事故隐患、违章违规、安全设施不完善情况；施工区域防护设施齐全有效情况；施工区域文明施工情况等。

（5）检查企业各种使用中和库存的工器具是否经过检验并标识。

（6）检查企业各种使用中的中小型机械是否定期进行了检查，对发现的问题是否进行整改，记录是否齐全。

（7）检查施工区域作业人员是否按规程要求正确施工，是否按要求正确使用个人安全防护品。

（8）检查随机抽查施工人员是否进行入场教育。

（9）检查施工项目在施工前是否编制了安全技术措施。

（10）检查作业前是否进行全员交底。

（11）检查企业所属作业人员对作业内容是否了解以及哪些是危险源和如何进行预防。

（12）检查施工作业过程中，是否按交底内容和安全技术措施的要求进行。

（13）各类废弃物是否分类，处理是否符合当地法规要求，污水处理是否符合当地法规要求，是否制定并执行防污染措施。

（三）常用安全生产检查方法

1. 常规检查法

常规检查法是由安全管理人员作为检查工作的主体，到作业场所现场，通过感观或辅助一定的简单工具、仪表等，对作业人员的行为、作业场所的环境条件、生产设备设施等进行的定性检查。安全检查人员通过这一手段，及时发现现场存在的安全隐患并采取措施予以消除，纠正施工人员的不安全行为。常规检查法主要依靠安全检查人员的经验和能力，检查的结果直接受安全检查人员个人素质的影响。

2. 安全检查表法

为使安全检查工作更加规范，将个人的行为对检查结果的影响减少到最小，常采用安全检查表法。安全检查表一般由水利工程施工企业安全生产管理部门制定，提交企业安全生产领导小组讨论确定。安全检查表一般包括检查项目、检查内容、检查标准、检查结果及评价等内容。

安全检查表应符合国家有关法律法规、水利工程施工企业现行有效的有关标准、规程、管理制度的要求，结合企业安全管理文化、理念、反事故技术措施和安全措施计划、季节性、地理、气候特点等。

3. 仪器检查及数据分析法

随着科技进步，水利工程施工企业的安全生产管理手段也在不断改进，有些企业投入了在线监测监控设施，对施工项目进行在线监视和系统记录，利用大数据分析设备、系统的运行状况变化趋势，进而分析，实行动态监控。对没有在线数据检测系统的机器、设备、系统，则借助仪器检查法来进行定量化的检验与测量。仪器检查及数据分析法将成为安全常态化管理的新趋势。

（四）安全生产检查工作程序

1.安全检查准备

（1）确定检查对象、目的、任务。

（2）查阅、掌握有关法规、标准、规程的要求。

（3）了解检查对象的工艺流程、生产情况、可能出现危险和危害的情况。

（4）制订检查计划，安排检查内容、方法、步骤。

（5）编写安全检查表或检查提纲。

（6）准备必要的检测工具、仪器、书写表格或记录本。

（7）挑选和训练检查人员并进行必要的分工等。

2.安全检查实施

安全检查实施就是通过访谈、查阅文件和记录、现场观察、仪器测量的方式获取信息。

（1）访谈。通过与有关人员谈话来检查安全意识和规章制度执行情况等。

（2）查阅文件和记录。检查设计文件作业规程、安全措施、责任制度、操作规程等是否齐全有效；查阅相应记录，判断上述文件是否被执行。

（3）现场观察。对作业现场的生产设备、安全防护设施、作业环境、人员操作等进行观察，寻找不安全因素、事故隐患、事故征兆等。

（4）仪器测量。利用一定的检测检验仪器设备，对在用的设施、设备、器材状况及作业环境条件等进行测量，以发现隐患。

3.综合分析后提出检查结论和意见

经现场检查和数据分析后，检查人员应对检查情况进行综合分析，提出检查结论和意见。施工企业自行组织的各类安全检查，应由企业安全管理部门会同有关部门对检查结果进行综合分析；对于上级主管部门或地方政府负有安全生产监督管理职责的部门组织的安全检查，应经过统一研究得出检查意见或结论。

（五）整改落实与反馈

针对检查发现的问题，水利施工企业应根据问题性质的不同，提出立即整改、限期整改等措施要求，制订整改计划并积极落实整改。水利工程施工企业自行组织的安全检查，由企业安全管理部门会同有关部门共同制订整改措施计划并组织实施。对于上级主管部门或地方政府负有安全生产监督管理职责的部门组织的安全检查，检查组应提出书面的整改要求，由施工企业制订整改措施计划。

水利施工企业自行组织的安全检查，在整改措施计划完成后，企业安全管理部门应组织有关人员进行验收。对于上级主管部门或地方政府负有安全生产监督职责的部门组织的安全检查，在整改措施完成后，应及时上报整改完成情况，并申请复查或验收。

对安全检查中经常发现的问题或反复出现的问题，水利施工企业应从规章制度的健全和完善、从业人员的安全教育培训、设备系统的更新改造、加强现场检查和监督等环节入手，做到持续改进，不断提高安全生产管理水平，防范安全生产事故的发生。

第三节　安全教育培训

一、安全管理人员的安全教育培训

（一）企业主要负责人的安全教育培训

1.初次培训的主要内容

（1）国家安全生产方针、政策和有关安全生产的法律法规及标准。

（2）安全生产管理基本知识、安全生产技术、安全生产专业知识。

（3）重大危险源管理、重大事故防范、应急管理和救援组织以及事故调查处理的有关规定。

（4）职业危害及其预防措施。

（5）国内外先进的安全生产管理经验。

（6）典型事故和应急救援案例分析。

（7）其他需要培训的内容。

2.再培训内容

对已经取得上岗资格证书的企业主要负责人，应定期进行再培训。再培训的主要内容是新知识、新技术和新颁布的政策、法规；有关安全生产的法律法规、规程、标准和政策；安全生产的新技术、新知识；安全生产管理经验；典型事故案例。

（二）安全生产管理人员的安全教育培训

1. 初次培训的主要内容

（1）国家安全生产方针、政策和有关安全生产的法律法规及标准。

（2）安全生产管理、安全生产技术、职业卫生等知识。

（3）伤亡事故统计、报告及职业危害防范、调查处理方法。

（4）危险源管理、专项方案及应急预案编制、应急管理、事故管理知识。

（5）国内外先进的安全生产管理经验。

（6）典型事故和应急救援案例分析。

（7）其他需要培训的内容。

2. 再培训的主要内容

对已经取得上岗资格证书的专职安全生产管理人员，应定期进行再培训。再培训的主要内容是新知识、新技术和新颁布的政策、法规；有关安全生产的法律法规、规程、标准和政策；安全生产的新技术、新知识；安全生产管理经验；典型事故案例。

二、其他从业人员、相关方的安全教育培训

（一）特种作业人员安全教育培训

特种作业是指容易发生事故，对操作者本人、他人的安全健康及设备、设施的安全可能造成重大危害的作业。直接从事特种作业的从业人员称为“特种作业人员”，特种作业的范围包括电工作业、焊接与热切割作业、高处作业、制冷与空调作业及安全监管总局认定的其他作业。

特种作业人员的安全技术培训、考核、发证、复审工作实行“统一监管、分级实施、教考分离”的原则。特种作业人员应当接受与其所从事的特种作业相应的安全技术理论培训和实际操作培训。跨省（自治区、直辖市）从业的特种作业人员，可以在户籍所在地或者从业所在地参加培训。

从事特种作业人员安全技术培训的机构（统称“培训机构”），必须按照有关规定取得安全生产培训资质证书后，方可从事特种作业人员的安全技术培训。培训机构应当按照安全监管总局、煤矿安监局制定的特种作业人员培训大纲进行特种作业人员的安全技术培训。

特种作业操作证有效期为6年，在全国范围内有效。特种作业操作证由安全

监管总局统一式样、标准及编号。特种作业操作证每3年复审1次。特种作业人员在特种作业操作证有效期内，连续从事本工种10年以上，严格遵守有关安全生产法律法规的，经原考核发证机关或者从业所在地考核发证机关同意，特种作业操作证的复审时间可以延长至每6年1次。

特种作业操作证申请复审或者延期复审前，特种作业人员应当参加必要的安全培训并考试合格。安全培训时间不少于8学时，主要培训法律法规、标准、事故案例和有关新工艺、新技术、新装备等知识。再复审、延期复审仍不合格，或者未按期复审的，特种作业操作证失效。

特种作业人员离岗3个月以上重新上岗的，应经实际操作考核合格。

作业人员应当参加年度安全教育培训或者继续教育，每年不得少于24小时。

（二）新员工三级安全教育

三级安全教育是指公司级、项目级、班组级的安全教育，是我国多年积累、总结并形成的一套行之有效的安全教育培训方法，一般由企业的安全、教育、劳动、技术等部门配合组织进行。

公司级安全生产教育培训是新人入职教育的一个重要内容，其重点是国家和地方有关安全生产法律法规、制度、标准、企业安全管理制度和劳动纪律、从业人员安全生产权利和义务等；教育培训的时间不得少于15学时。

项目级安全生产教育培训是在从业人员工作岗位、工作内容基本确定后进行，由项目或公司部门一级组织，培训重点是工地安全生产管理制度、安全职责和劳动纪律、个人防护用品的使用和维护、现场作业环境特点、不安全因素的识别和处理、事故防范等；教育培训的时间不得少于15学时。

班组级安全生产教育培训是在从业人员工作岗位确定后，由班组组织，除班组长、班组技术员、安全员对其进行安全教育培训外，自我学习是重点。我国传统的师傅带徒弟的方式，也是搞好班组安全教育培训的一种重要方法。进入班组的新从业人员，都应有具体的跟班学习、实习期，实习期间不得安排单独上岗作业。实习期满，通过安全规程、业务技能考试合格方可独立上岗作业。班组安全教育培训的重点是本工种的安全操作规程和技能、劳动纪律、安全作业与职业卫生要求、作业质量与安全标准、岗位之间的衔接配合注意事项、危险点识别、事故防范和紧急避险方法等；教育培训时间不得少于20学时。

新员工工作一段时间后，为加深其对三级安全教育的感性和理性认识，也为了使其适应现场变化，必须进行安全继续教育，培训内容可从原来的三级安全教育内容中有重点地选择，并进行考核，不合格者不得上岗。

（三）转岗或离岗安全教育

从业人员调整工作岗位后，由于岗位工作特点、要求不同，应重新进行新岗位安全教育培训，并经考试合格后方可上岗作业。

由于工作需要或其他原因离开岗位1年后，重新上岗作业应重新进行安全教育培训，经考试合格后，方可上岗作业。一般情况下，作业岗位安全风险较大，技能要求较高的岗位，时间间隔可缩短，由企业自行规定。

调整工作岗位和离岗后重新上岗的安全教育培训工作，原则上应由班组级组织。

待岗、转岗的职工，上岗前必须经过安全生产教育培训，培训时间不得少于20学时。

（四）"五新"教育培训

在新工艺、新技术、新材料、新设备、新流程投入使用前，应对有关管理、操作人员进行有针对性的安全技术和操作技能培训。

（五）岗位安全教育培训

水利施工企业应每年对全体从业人员进行安全生产教育培训，培训时间不得少于20学时。岗位安全教育培训，是指对连续在水利施工企业相关岗位工作的从业人员的安全培训，主要包括日常安全教育培训、定期安全考试和专题安全教育培训三个方面。

日常安全教育培训工作，主要以部门、班组为单位组织开展，重点是安全操作规程的学习培训、安全生产规章制度的学习培训、作业岗位安全风险辨识培训、事故案例教育等。日常安全教育培训工作形式多样，内容丰富，如班前会、班后会、安全日活动等。

定期安全考试，是指水利施工企业组织的定期安全工作规程、规章制度、事故案例的学习和培训，学习培训的方式较为灵活，但考试统一组织。定期安全考试不合格者，应下岗接受培训，考试合格后方可上岗作业。

专题安全教育培训，是指针对某一具体问题进行专门的培训工作，针对性强，效果比较突出，通常开展的内容有三新安全教育培训、法律法规及制度培训、事故案例培训、安全知识竞赛比武等。

在安全生产的具体实践过程中，水利施工企业还可采取其他许多宣传教育培训方式方法，如警句、格言上墙活动，利用电视、报纸、橱窗等进行安全教育，利用漫画解释安全生产规章制度，在曾经发生过生产安全事故的现场设置警示牌，组织事故回顾展览等。

水利工程施工企业还应以国家组织开展的“全国安全生产月”活动为契机，结合企业的性质与安全生产实际，开展内容丰富、灵活多样、具有针对性的各种安全教育培训活动，提高各级人员的安全生产意识和综合素质。

三、安全教育培训组织管理

水利工程施工企业每年至少应对管理人员和作业人员进行一次安全生产教育培训，并经考试确认其能力是否符合岗位要求，其教育培训情况记入个人工作档案。安全生产教育培训考核不合格的人员不得上岗。水利工程施工企业应及时统计、汇总从业人员的安全生产教育培训和资格认定等相关记录，定期对从业人员持证上岗情况进行审核、检查。

水利工程施工企业应将安全生产教育培训工作纳入本单位年度工作计划，并保证安全生产教育培训工作所需的费用。企业安排从业人员进行安全生产教育培训期间，应支付工资和必要的费用。

第六章　水利工程施工项目现场安全管理

第一节　消防安全管理

一、一般规定

1．水利工程消防设计、施工必须符合国家工程建设消防技术标准。各参建单位依法对建设工程的消防设计、施工质量负责。

2．各参建单位的主要负责人是本单位的消防安全第一责任人。各参建单位应履行下列消防安全职责。

（1）制定消防安全制度、消防安全操作规程、灭火和应急疏散预案，落实消防安全责任制。

（2）按标准配置消防设施、器材，设置消防安全标志。

（3）定期组织对消防设施进行全面检测。

（4）开展消防宣传教育。

（5）组织消防检查。

（6）组织消防演练。

（7）组织或配合消防安全事故调查处理等。

3．施工单位应制定油料、炸药、木材等易燃易爆危险物品的采购、运输、储存、使用、回收、销毁的消防措施和管理制度。

4．各参建单位的宿舍、办公室、休息室建筑构件的燃烧性能等级应为A级；室内严禁存放易燃易爆物品，严禁乱拉电线，未经许可不得使用电炉；利用电热设施的车间、办公室及宿舍，电热设施应有专人负责管理。

5．使用过的油布、棉纱等易燃物品应及时回收，妥善保管或处置。挥发性的易燃物质，不应装在开口容器或放在普通仓库内；盛装过挥发油剂及易燃物质的空容器，应及时退库；施工现场设备的包装材料和其他废弃物应及时回收、清理；存放和使用易燃易爆物品的场所严禁明火和吸烟。

6．机电设备安装中搭设的防尘棚、临时工棚及设备防尘覆盖膜等，应选用防火阻燃材料。

7．施工生产中使用明火和易燃物品时，应做好相应防火措施，遵守施工生产作业区与建筑物之间防火安全距离的有关规定。施工区域需要使用明火时，应将使用区进行防火分隔，清除动火区域内的易燃、可燃物。

8．施工单位使用明火或进行电（气）焊作业时，应落实防火措施，特殊部位应办理动火作业票。

9．水利工程应按照国家有关规定进行消防验收、备案。

10．各单位应建立、健全各级消防责任制和管理制度，组建专职或义务消防队，并配备相应的消防设备，做好日常防火安全巡视检查，及时消除火灾隐患，经常开展消防宣传教育活动和灭火、应急疏散救护的演练。

11．施工现场的平面布置图、施工方法和施工技术均应符合消防安全要求。现场道路应畅通，夜间应设照明，并有值班巡逻。

12．根据施工生产防火安全需要，应配备相应的消防器材和设备，存放在明显且易于取用的位置。消防器材及设备附近，严禁堆放其他物品。

13．消防器材和设备，应妥善管理，定期检验，及时更换过期器材，消防汽车、消防栓等设备器材不应挪作他用。

14．根据施工生产防火安全的需要，合理布置消防通道和各种防火标志，消防通道应保持通畅，宽度不应小于3.5 m。

15．宿舍、办公室、休息室内严禁存放易燃易爆物品，未经许可不得使用电炉。利用电热的车间、办公室及宿舍，电热设施应有专人负责管理。

16．挥发性的易燃物质，不应装在开口容器及放在普通仓库内。装过挥发油剂及易燃物质的空容器，应及时退库。

17．闪点在45 ℃以下的桶装、罐装易燃液体不应露天存放，存放处应有防护栅栏，通风良好。

18．施工区域需要使用明火时，应将使用区进行防火分隔，清除动火区域内

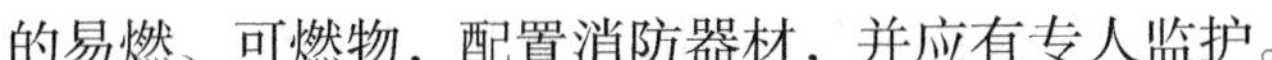

的易燃、可燃物，配置消防器材，并应有专人监护。

19．油料、炸药、木材等常用的易燃易爆危险品存放使用场所、仓库，应有严格的防火措施和相应的消防设施，严禁使用明火和吸烟。

20.易燃易爆危险物品的采购、运输、储存、使用、回收、销毁应有相应的防火消防措施和管理制度。

21．施工生产作业区与建筑物之间的防火安全距离，应遵守下列规定。

（1）用火作业区距所建的建筑物和其他区域不应小于25 m。

（2）仓库区、易燃、可燃材料堆积场距所建的建筑物和其他区域不应小于20 m。

（3）易燃品集中站距所建的建筑物和其他区域不应小于30 m。

22．不准在高压架空线下搭设临时性建筑或堆放可燃物品。

23．焊、割作业点与氧气瓶、电石桶和乙炔发生器等的距离不得少于10 m，与易燃易爆物品的距离不得少于30 m。

24．乙炔发生器与氧气瓶之间的距离，存放时应大于5 m，使用时应大于10 m。

25．施工现场的焊、割作业，必须符合防火要求，严格执行“十不准”规定。

（1）焊工必须持证上岗，无证者不准进行焊、割作业。

（2）属一级、二级、三级动火范围的焊、割作业，未办理动火审批手续，不准进行焊割。

（3）焊工不了解焊、割现场周围情况，不得进行焊、割作业。

（4）焊工不了解焊件内部是否有易燃易爆物品时，不得进行焊、割作业。

（5）各种装过可燃气体、易燃液体和有毒物质的容器，未经彻底清洗，或未排除危险之前，不准进行焊、割作业。

（6）用可燃材料作绝热层、保冷层、隔声、隔热设备的部位，或火星能飞溅到的地方，在未采取切实可靠的安全措施前，不准进行焊、割作业。

（7）有压力或密闭的管道、容器，不准进行焊、割作业。

（8）焊、割部位附近有易燃易爆物品，在未作清理或未采取有效的安全防护措施前，不准进行焊、割作业。

（9）附近有与明火作业相抵触的工种作业时，不准进行焊、割作业。

（10）与外单位相连的部位，在没有弄清有无险情，或明知存在危险而未采取有效措施之前，不准进行焊、割作业。

26. 焊接与气割的基本规定如下。

（1）本规定适用于焊条电弧焊、埋弧焊、二氧化碳气体保护焊、手工钨极氩弧焊（其他气体保护焊的安全规定可以参照二氧化碳气体保护焊及手工钨极氩弧焊的有关条款）、碳弧气刨、气焊与气割安全操作。

（2）凡从事焊接与气割的工作人员，应熟知本标准及有关安全知识，并经过专业培训考核取得操作证，持证上岗。

（3）从事焊接与气割的工作人员应严格遵守各项规章制度，作业时不应擅离职守，进入岗位应按规定穿戴劳动防护用品。

（4）焊接和气割的场所，应设有消防设施，并保证其处于完好状态。焊工应熟练掌握其使用方法，能够正确使用。

（5）凡有液体压力、气体压力及带电的设备和容器、管道，无可靠安全保障措施禁止焊割。

（6）对储存过易燃易爆及有毒容器、管道进行焊接与切割时，要将易燃物和有毒气体放尽，用水冲洗干净，打开全部管道窗、孔，保持良好通风，方可进行焊接和切割，容器外要有专人监护，定时轮换休息。密封的容器、管道不应焊割。

（7）禁止在油漆未干的结构和其他物体上进行焊接和切割。禁止在混凝土地面上直接进行切割。

（8）严禁在储存易燃易爆的液体、气体、车辆、容器等的库区内从事焊、割作业。

（9）在距焊接作业点火源10 m以内，在高空作业下方和火星所涉及范围内，应彻底清除有机灰尘、木材木屑、棉纱棉布、汽油、油漆等易燃物品。如有不能撤离的易燃物品，应采取可靠的安全措施隔绝火星与易燃物。对填有可燃物的隔层，在未拆除前不应施焊。

（10）焊接大件须有人辅助时，动作应协调一致，工件应放平垫稳。

（11）在金属容器内进行工作时应有专人监护，要保证容器内通风良好，并应设置防尘设施。

（12）在潮湿地方、金属容器和箱型结构内作业时，焊工应穿干燥的工作服和绝缘胶鞋，身体不应与被焊接件接触，脚下应垫绝缘垫。

（13）在金属容器中进行气焊和气割工作时，焊割炬应在容器外点火调试，并严禁使用漏燃气的焊割矩、管、带，以防止逸出的可燃混合气遇明火爆炸。

（14）严禁将行灯变压器及焊机调压器带入金属容器内。

（15）焊接和气割的工作场所光线应保持充足。工作行灯电压不应超过36 V，在金属容器或潮湿地点工作行灯电压不应超过12 V。

（16）风力超过5级时禁止在露天进行焊接或气割。风力5级以下、3级以上时应搭设挡风屏，以防止火星飞溅引起火灾。

（17）离地面1.5 m以上进行工作应设置脚手架或专用作业平台，并应设有1 m高防护栏杆，脚下所用垫物要牢固可靠。

（18）工作结束后应拉下焊机闸刀，切断电源。对于气割（气焊）作业则应解除氧气、乙炔瓶（乙炔发生器）的工作状态。要仔细检查工作场地周围，确认无火源后方可离开现场。

（19）使用风动工具时，先检查风管接头是否牢固，选用的工具是否完好无损。

（20）禁止使用管道、设备、容器、钢轨、脚手架、钢丝绳等作为临时接地线（接零线）的通路。

（21）高空焊割作业时，还应遵守下列规定。

①高空焊割作业须设监护人，焊接电源开关应设在监护人近旁。

②焊割作业坠落点场面上，10 m以内不应存放可燃或易燃易爆物品。

③高空焊割作业人员应戴好符合规定的安全帽，应使用符合标准规定的防火安全带，安全带应高挂低用，固定可靠。

④露天下雪、下雨或有5级大风时严禁高处焊接作业。

二、重点部位、重点工种消防管理要求

1．加油站、油库的消防管理应遵守下列规定

（1）独立建筑，与其他设施、建筑之间的防火安全距离不应小于50 m。

（2）周围应设有高度不低于2.0 m的围墙、栅栏。

（3）库区内道路应为环形车道，路宽应不小于3.5 m，应设有专门消防通道，保持畅通。

（4）罐体应装有呼吸阀、阻火器等防火安全装置。

（5）应安装覆盖库（站）区的避雷装置，且应定期检测，其接地电阻不应大于100 Ω。

（6）罐体、管道应设防静电接地装置，接地网、线用40 mm × 4 mm扁钢或直径10 mm圆钢埋设，且应定期检测，其接地电阻不应大于30 Ω。

（7）主要位置应设置醒目的禁火警示标志及安全防火规定标志。

（8）应配备相应数量的泡沫、干粉灭火器等灭火器材。

（9）应使用防爆型动力和照明电器设备。

（10）库区内严禁一切火源，严禁吸烟及使用手机。

（11）工作人员应熟悉使用灭火器材和消防常识。

（12）运输使用的油罐车应密封，并有防静电设施。

2. 木材加工厂（场、车间）应遵守下列规定

（1）独立建筑，与周围其他设施、建筑之间的安全防火距离不应小于20 m。

（2）安全消防通道保持畅通。

（3）原材料、半成品、成品堆放整齐有序，并留有足够的通道，保持畅通。

（4）木屑、刨花、边角料等弃物及时清除，严禁置留在场内，保持场内整洁。

（5）设有10 m^3以上的消防水池、消防栓及相应数量的灭火器材。

（6）作业场所内禁止使用明火和吸烟。

（7）明显位置设置醒目的禁火警示标志及安全防火规定标志。

3. 氧气、乙炔气瓶的使用应遵守下列规定

（1）气瓶应放置在通风良好的场所，不应靠近热源和电气设备，与其他易燃易爆物品或火源的距离（高处作业时与垂直地面处的平行距离）一般不应小于10 m。使用过程中，乙炔瓶应放置在通风良好的场所，与氧气瓶的距离不应少于5 m。

（2）露天使用氧气、乙炔气时，冬季应防止冻结，夏季应防止阳光直接曝晒。氧气、乙炔气瓶阀冬季冻结时，可用热水或水蒸气加热解冻，严禁用火焰烘烤和用钢材一类器具猛击，更不应猛拧减压表的调节螺丝，以防氧气、乙炔气大量冲出而造成事故。

（3）氧气瓶严禁沾染油脂，检查气瓶口是否有漏气时，可用肥皂水涂在瓶口上试验，严禁用烟头或明火试验。

（4）氧气、乙炔气瓶如果漏气应立即搬到室外，并远离火源。搬动时手不可接触气瓶嘴。

（5）开氧气、乙炔气阀时，工作人员应站在阀门连接的侧面，并缓慢开放，不应面对减压表，以防发生意外事故。使用完毕后应立即将瓶嘴的保护罩旋紧。

（6）氧气瓶中的氧气不允许全部用完，至少应留有0.1～0.2 MPa的剩余压力，乙炔瓶内气体也不应用尽，应保持0.05 MPa的余压。

（7）乙炔瓶在使用、运输和储存时，环境温度不宜超过40 ℃；超过时应采取有效的降温措施。

（8）乙炔瓶应保持直立放置，使用时要注意固定，并应有防止倾倒的措施，严禁卧放使用。卧放的气瓶竖起来后需待20 min后方可输气。

（9）工作地点不固定且移动较频繁时，应装在专用小车上；同时使用乙炔瓶和氧气瓶时，应保持一定安全距离。

（10）严禁铜、银、汞等及其制品与乙炔接触，使用铜合金器具时含铜量应低于70%。

（11）氧气、乙炔气瓶在使用过程中应按照规定定期检验。过期、未检验的气瓶严禁继续使用。

4．回火防止器的使用应遵守下列规定

（1）应采用干式回火防止器。

（2）回火防止器应垂直放置，其工作压力应与使用压力相适应。

（3）干式回火防止器的阻火元件应经常清洗以保持气路畅通；多次回火后，应更换阻火元件。

（4）一个回火防止器应只供一把割炬或焊炬使用，不应合用。当一个乙炔发生器向多个割炬或焊炬供气时，除应装总的回火防止器外，每个工作岗位都须安装岗位式回火防止器。

（5）禁止使用无水封、漏气、逆止阀失灵的回火防止器。

（6）回火防止器应经常清除污物防止堵塞，以免失去安全作用。

（7）回火器上的防爆膜（胶皮或铝合金片）被回火气体冲破后，应按原规格更换，严禁用其他非标准材料代替。

5.焊割炬的使用应遵守下列规定

（1）工作前应检查焊、割枪各连接处的严密性及其嘴子有无堵塞现象，禁止用纯铜丝（紫铜）清理嘴孔。

（2）焊、割枪点火前应检查其喷射能力，是否漏气，同时检查焊嘴和割嘴是否畅通；无喷射能力不应使用，应及时修理。

（3）不应使用小焊枪焊接厚的金属，也不应使用小嘴子割枪切割较厚的金属。

（4）严禁在氧气和乙炔阀门同时开启时用手或其他物体堵住焊、割枪嘴子的出气口，以防止氧气倒流入乙炔管或气瓶而引起爆炸。

（5）焊、割枪的内外部及送气管内均不允许沾染油脂，以防止氧气遇到油类燃烧爆炸。

（6）焊、割枪严禁对人点火，严禁将燃烧着的焊枪随意摆放，用毕及时熄灭火焰。

（7）焊枪熄火时应先关闭乙炔阀，后关氧气阀；割枪则应先关高压氧气阀，后关乙炔阀和氧气阀以免回火。

（8）焊、割枪点火时须先开氧气，再开乙炔，点燃后再调节火焰；遇不能点燃而出现爆声时应立即关闭阀门并检查和通畅嘴子后再点，严禁强行硬点以防爆炸；焊、割时间过久，枪嘴发烫出现连续爆炸声并有停火现象时，应立即关闭乙炔再关氧气，将枪嘴浸冷水疏通后再点燃工作，作业完毕熄火后应将枪吊挂或侧放，禁止将枪嘴对着地面摆放，以免引起阻塞而再用时发生回火爆炸。

（9）阀门不灵活、关闭不严或手柄破损的一律不应使用。

（10）工作人员佩戴有色眼镜，以防飞溅火花灼伤眼睛。

6.氧气、乙炔气集中供气系统的设计与安装应遵守下列规定

（1）大中型生产厂区的氧气与乙炔气宜采用集中汇流排供气，设置氧气、乙炔气集中供气系统。主要包括供气间（气体库房）、管路系统等，其设计与安装的防护装置、检修保养、建筑防火均应符合有关规定。

（2）氧气供气间与乙炔供气间的布置、设置应符合下列规定。

①氧气供气间可与乙炔供气间布置在同一座建筑物内，但应以无门、窗、洞的防火墙隔开，且不应设在地下室或半地下室内。

②氧气、乙炔供气间应设围墙或栅栏并悬挂明显标志。围墙距离有爆炸物的库房的安全距离应符合相关规定。

③供气间与明火或散发火花地点的距离不应小于10 m，供气间内不应有地沟、暗道。供气间内严禁动用明火、电炉或照明取暖，并应备有足够的消防设备。

④氧气、乙炔汇流排应有导除静电的接地装置。

⑤供气间应设置气瓶的装卸平台，平台的高度应视运输工具确定，一般高出室外地坪0.4～1.1 m；平台的宽度不宜小于2 m。室外装卸平台应搭设雨篷。

⑥供气间应有良好的自然通风、降温和除尘等设施，并要保证运输通道畅通。

⑦供气间内严禁存放有毒物质及易燃易爆物品；空瓶和实瓶应分开放置，并有明显标志，应设有防止气瓶倾倒的设施。

⑧氧气与乙炔供气间的气瓶、管道的各种阀门打开和关闭时应缓慢进行。

⑨供气间应设专人负责管理，并建立严格的安全运行操作规程、维护保养制度、防火规程和进出登记制度等，无关人员不应随便进入。

（3）氧气、乙炔气集中供气系统运行管理应遵守下列规定。

①系统投入正式运行前，应由主管部门组织按照本规范以及GB 50030、GB 50031、GBJ 16等的有关规定，进行全面检查验收，确认合格后，方可交付使用。

②作业人员应熟知有关专业知识及相关安全操作规定，并经培训考核合格方可上岗。

③乙炔供气间的设施、消防器材应定期做检查。

④供气间严禁氧气、乙炔瓶混放，并严禁存放易燃物品，照明应使用防爆灯。

⑤作业人员应随时检查压力情况，发现漏气立即停止供气。

⑥作业人员工作时不应离开工作岗位，严禁吸烟。

⑦检查乙炔间管道，应在乙炔气瓶与管道连接的阀门关严和管内的乙炔排尽后进行。

⑧禁止在室内用电炉或明火取暖。

⑨作业人员应严禁让粘有油、脂的手套、棉丝和工具同氧气瓶、瓶阀、减压

器管路等接触。

⑩作业人员应认真做好当班供气运行记录。

7.油库管理的使用管理应遵守下列规定

（1）应根据实际情况，建立油库安全管理制度、用火管理制度、外来人员登记制度、岗位责任制和具体实施办法。

（2）油库员工应懂得所接触油品的基本知识，熟悉油库管理制度和油库设备技术操作规程。

（3）在油库与其周围不应使用明火；因特殊情况需要用火作业的，应当按照用火管理制度办理用火证，用火证审批人应亲自到现场检查，防火措施落实后，方可批准。危险区应指定专人防火，防火人有权根据情况变化停止用火。用火人接到用火证后，要逐项检查防火措施，全部落实后方可用火。

（4）油罐防静电应遵守下列规定。

①地面立式金属罐的接地装置技术要求要符合规定。其电阻值不应大于10 Ω。油库中其他部位的静电接地装置的电阻值不应大于100 Ω。

②油罐汽车应保持有效长度的接地拖链，在装卸油前先接好静电接地线。使用非导电胶管输油时，要用导线将胶管两端的金属法兰进行跨接。

（5）油品入库的管理应遵守下列规定。

①油库接到发货方的启运通知和交通运输部门的车、船到达预报后应做好接收准备。

②车、船到达后，应按照启运通知核对到货凭证及车号等。

③卸收铁路罐车油品时，应收净底部余油。遇有雷雨、大雪、大风沙天气时，应暂时停止接卸。卸收船装油品时，轻油应注水冲舱，粘油要进行刮抽。

④卸收和输转油品时，指定专人巡视输油管线；连续作业时，要办理好交接班手续。

⑤油品卸收完毕后，要及时办理入库手续，做好登记、统计工作。

（6）罐装油品的储存保管应遵守下列规定。

①油罐应逐个建立分户保管账，及时准确记载油品的收、发、存数量，做到账货相符。

②油罐储油不应超过安全容量。

③对不同品种不同规格的油品，应实行专罐储存。

（7）桶装油品的储存保管应遵守下列规定。

保管要求：①应执行夏秋、冬春季定量灌装标准，并做到标记清晰、桶盖拧紧、无渗漏；②对不同品种、规格、包装的油品，应实行分类堆码，建立货堆卡片，逐月盘点数量，定期检验质量，做到货、卡相符；③润滑脂类，变压器油、电容器油、汽轮机油、听装油品及工业用汽油等应入库保管，不应露天存放。

库内堆垛要求：①油桶应立放，宜双行并列，桶身紧靠。②油品闪点在28 ℃以下的，不应超过2层；闪点在28～45 ℃的，不应超过3层；闪点在45 ℃以上的，不应超过4层。③桶装库的主通道宽度不应小于1.8 m，垛与垛的间距不应小于1 m，垛与墙的间距不应小于0.25～0.5 m。

露天堆垛要求：①堆放场地应坚实平整，高出周围地面0.2 m，四周有排水设施。②卧放时应做到双行并列，底层加垫，桶口朝外，大口向上，垛高不超过3层；放时要做到下部加垫，桶身与地面成75° 角，大口向上。③堆垛长度不应超过25 m，宽度不应超过15 m，堆垛内排与排的间距，不应小于1 m；垛与垛的间距，不应小于3 m。④汽、煤油要斜放，不应卧放。润滑油要卧放，立放时应加以遮盖。

（8）油罐应符合下列规定。

罐体应符合下列规定：①无严重变形，无渗漏；②罐体倾斜度不超过1%（最大限度不超过5 cm）；③油漆完好，保温层无脱落。

附件应符合下列规定：①呼吸阀、量油口齐全有效，通风管、加热盘管不堵、不漏；②升降管灵活，排污阀畅通，扶梯牢固，静电接地装置良好；③油罐进、出口阀门无渗漏，各部螺栓齐全、紧固。

（9）油罐出现下列问题时应及时进行维修。

①圈板纵横焊缝、底，圈板的角焊缝，发现裂纹或渗漏者。

②圈板凹陷、起鼓、折皱的允许偏差值超过规定者。

③罐体倾斜超过规定者。

④油罐与附件连接处垫片损坏者。

⑤投产5年以上的油罐，应结合清洗检查底板锈蚀程度，其中4 mm的底板余厚小于2.5 mm、4 mm以上的底板余厚小于3 mm或顶板折裂腐蚀严重者。

⑥直接埋入地下的油罐每年应挖开3～5处进行检查，发现防腐失效和渗漏者。

（10）管线和阀门的检查与维修应遵守下列规定。

①新安装和大修后的管线，输油前要用水，以工作压力的1.5倍进行强度试验。使用中的管线每1～2年进行一次强度试验。

②地上管线和管沟、管线及支架，应经常检修，清除杂草、杂物，排除积水，保持整洁。

③直接埋入地下的管线，埋置时间达5年，每年应在低洼、潮湿地方，挖开数处检查，发现防腐层失效和渗漏者，应及时维修。

④油罐区、油泵房、装卸油栈台、码头、付油区和输油管线上的主要常用阀门，应每年检修一次，其他部位的阀门应每2年检修一次，平时加强保养。

⑤应及时拆除废弃不用的管线，地下管线拆除有困难时，应与使用中的管线断开。

⑥地上管线的防锈漆，应经常保持完好。油泵房和装卸作业区的管线、阀门，应按照油品的种类，涂刷不同颜色的油漆：汽油为红色，煤油为黄色，柴油为灰色。

（11）油泵房的管理应遵守下列规定。

①油泵房建筑应符合石油库设计规范要求。

②地下、半地下轻油泵房应加强通风，油蒸汽浓度不应大于1.58%（体积）。

③油泵及管线应做到技术状态良好，不渗不漏，附件、仪表齐全，安装符合规定，维修保养好。

④电气设备及安装应符合相应的技术规定。

⑤作业、运行、交接班应记录完整。

⑥司泵工应坚守工作岗位，严格遵守操作规程。

⑦新泵和经过大修的泵应进行试运转，管线、附件应进行水压试验。

（12）油库安全用电应遵守下列规定。

油罐区、收发油作业区、轻油泵库、轻黏油合用泵房、轻油灌油间等的电气设备，应符合下列规定：①电动机应为防爆、隔爆型；②开关、接线盒、启动器、变压器、配电装置应为防爆、隔爆型；③电气仪表、照明用具、通信电器宜选用防爆、隔爆型或安全火花型。

润滑油装卸、储存、输转、灌装场所的电气设备，应符合下列规定：①电动机、通信电气应为封闭式；②电器和仪表、配电装置应为保护型；③轻油装卸、输转、灌装、储存场所及用于运输的车、船，应使用固定式防爆照明用具，油库应使用防爆式手电筒。

（13）油库的电气设备应根据石油库设计规范和电器设备安装规定进行安装。

（14）油库消防器材的配置与管理应遵守下列规定。

灭火器材的配置：①加油站油罐库罐区，应配置石棉被、推车式泡沫灭火机、干粉灭火器及相关灭火设备；②各油库、加油站应根据实际情况制订应急救援预案，成立应急组织机构。消防器材摆放的位置、品名、数量应绘成平面图并加强管理，不应随便移动和挪作他用。

消防供水系统的管理和检修：①消防水池要经常存满水，池内不应有水草杂物。②地下供水管线要常年充水，主干线阀门要常开。地下管线每隔2～3年，要局部挖开检查，每半年应冲洗一次管线。③消防水管线（包括消火栓），每年要做一次耐压试验，试验压力应不低于工作压力的1.5倍。④每天巡回检查消火栓。每月做一次消火栓出水试验。距消火栓5 m范围内，严禁堆放杂物。⑤固定水泵要常年充水，每天做一次试运转，消防车要每天发动试车并按规定进行检查、养护。⑥消防水带要盘卷整齐，存放在干燥的专用箱里，防止受潮霉烂。每半年对全部水带按额定压力做一次耐压试验，持续5 min，不漏水者合格。使用后的水带要晾干收好。

消防泡沫系统的管理和检修：①灭火剂的保管——空气泡沫液应储存于温度在5～40 ℃的室内，禁止靠近一切热源，每年检查一次泡沫液沉淀状况；化学泡沫粉应储存在干燥通风的室内，防止潮结；酸碱粉（甲、乙粉）要分别存放，堆高不应超过1.5 m，每半年将储粉容器颠倒放置一次；灭火剂每半年抽验一次质量，发现问题及时处理。②对化学泡沫发生器的进出口，每年做一次压差测定；空气泡沫混合器，每半年做一次检查校验；化学泡沫室和空气泡沫产生器的空气滤网，应经常刷洗，保持不堵不烂，隔封玻璃要保持完好。③各种泡沫枪、钩管、升降架等，使用后都应擦净、加油，每季进行一次全面检查。④泡沫管线，每半年用清水冲洗一次；每年进行一次分段试压，试验压力应不小于1.18 MPa，5 min无渗漏。⑤各种灭火机，应避免暴晒、火烤，冬季应有防冻措施，应定期换药，每隔1～2年进行一次筒体耐压试验，发现问题及时解决。

（15）油库环境管理应遵守下列规定。

①油库清洗容器的污水、油罐的积水等，应有油水分离、沉淀处理等净化设施，污水的排放，应遵守当地环境保护规定，失效的泡沫液（粉）等，应集中处理。

②油库排水系统，应有控制设施，严加管理，防止发生事故油品流出库外。

③清洗油罐及其他容器的油渣、泥渣，可作为燃料，或进行深埋等其他处理。

④油库应有绿化规划，多种树木、花草，美化环境，净化水源，调剂空气，应创造条件，回收油气，防止污染。

8. 电焊工工作时应遵守下列规定

（1）电焊工在操作前，要严格检验所用工具（包括电焊机设备、线路敷设、电缆线的接点等），使用的工具均应符合标准，保持完好状态。

（2）电焊机应有单独开关，装在防火、防雨的闸箱内，电焊机应设防雨棚（罩）。开关的保险丝容量应为该机的1.5倍。保险丝不准用铜丝或铁丝代替。

（3）焊制部位必须与氧气瓶、乙炔瓶、乙炔发生器及各种易燃、可燃材料隔离，两瓶之间距离不得小于5 m，与明火之间距离不得小于10 m。

（4）电焊机必须设有专用接地线，直接放在焊件上，接地线不准接在建筑物、机械设备、各种管道、避雷引下线和金属架上借路使用，防止接触火花，造成起火事故。

（5）电焊机一次、二次线应用线鼻子压接牢固，同时应加装防护罩，防止松动、短路放弧，引燃可燃物。

（6）严格执行防火规定和操作规程，操作时采取相应的防火措施，与看火人员密切配合，防止引起火灾。

9. 气焊工工作时应遵守下列规定

（1）乙炔发生器、乙炔瓶、氧气瓶和焊割具的安全设施必须齐全有效。

（2）乙炔发生器旁严禁一切火源。夜间添加电石时，应使用防爆手电筒照明，禁止用明火照明。

（3）乙炔发生器、乙炔瓶和氧气瓶不准放在高低压架空线路下或变压器旁。

（4）乙炔瓶、氧气瓶应直立使用，禁止平放卧倒使用。油脂或沾油物品，不要接触氧气瓶、导管及其零部件。

（5）乙炔瓶、氧气瓶严禁曝晒、撞击，防止受热膨胀。乙炔发生器、回火阻止器以及导管发生冻结时，只允许用蒸汽、热水解冻，严禁使用火烤或金属敲打。

（6）乙炔瓶、氧气瓶开启阀门时应缓慢，防止升压过速产生高温、火花引起爆炸和火灾。

（7）测定导管及其分配装置是否漏气，应用气体探测仪或用肥皂水测试，严禁用明火测试。

（8）操作乙炔发生器和电石桶时，应使用不产生火花的工具。乙炔发生器上不能装有纯铜配件。浮桶式发生器上不准堆压其他物品。

（9）乙炔发生器的水不能含油脂，避免油脂与氧气接触发生反应，引起燃烧或爆炸。

（10）防爆膜失效后，应按规定的规格型号更换，严禁任意更换，禁止用胶皮等代替防爆膜。

（11）瓶内气体不能用尽，必须留有余气。

（12）作业结束后，应将乙炔发生器内的电石、污水及其残渣清除干净，倾倒到指定的安全地点，并排除内腔和其他部位的气体。

第二节　事故危险源排查与治理

一、事故隐患排查和治理

（一）生产安全事故隐患排查

1．各参建单位是事故隐患排查的责任主体。各参建单位应建立健全事故隐患排查制度，逐级建立并落实从主要负责人到每个从业人员的事故隐患排查责任制。

2．项目法人应组织有关参建单位制定项目事故隐患排查制度，主要内容包括隐患排查目的、内容、方法、频次和要求等。施工单位应根据项目法人事故隐患排查制度，制定本单位的事故隐患排查制度。各参建单位主要负责人对本单位的事故隐患排查治理工作全面负责。任何单位和个人发现重大事故隐患，均有权向项目主管部门和安全生产监督机构报告。

3．各参建单位应根据事故隐患排查制度开展事故隐患排查，排查前应制订排查方案，明确排查的目的、范围和方法。各参建单位应采用定期综合检查、专项检查、季节性检查、节假日检查和日常检查等方式，开展隐患排查。对排查出的事故隐患，组织单位应及时书面通知有关单位，定人、定时、定措施进行整改，并按照事故隐患的等级建立事故隐患信息台账。

4．项目法人应至少每月组织一次安全生产综合检查，施工单位应至少每两月自行组织一次安全生产综合检查。

5．项目法人、施工单位应分别建立事故隐患报告和举报奖励制度，鼓励、发动职工发现和排除事故隐患，鼓励社会公众举报。对发现、排除和举报事故隐患的有功人员，应给予物质奖励和表彰。

6．对于重大事故隐患，应及时向项目主管部门、安全监管监察部门和有关部门报告。重大事故隐患报告应包括下列内容。

（1）隐患的现状及其产生原因。

（2）隐患的危害程度和整改难易程度分析。

（3）隐患的治理方案等。

（二）生产安全事故隐患治理

1．各参建单位应建立健全事故隐患治理和建档监控等制度，逐级建立并落实隐患治理和监控责任制。

2．各参建单位对于危害和整改难度较小，发现后能够立即整改排除的一般事故隐患，应立即组织整改。

3．重大事故隐患治理方案应由施工单位主要负责人组织制订，经监理单位审核，报项目法人同意后实施。项目法人应将重大事故隐患治理方案报项目主管部门和安全生产监督机构备案。

4．重大事故隐患治理方案应包括下列内容。

（1）重大事故隐患描述。

（2）治理的目标和任务。

（3）采取的方法和措施。

（4）经费和物资的落实。

（5）负责治理的机构和人员。

（6）治理的时限和要求。

（7）安全措施和应急预案等。

5．责任单位在事故隐患治理过程中，应采取相应的安全防范措施，防止事故发生。事故隐患排除前或者排除过程中无法保证安全的，应从危险区域内撤出作业人员，并疏散可能危及的其他人员，设置警戒标志，暂时停止施工或者停止使用。对暂时难以停止施工或者停止使用的储存装置、设施、设备，应加强维护和保养，防止事故发生。

6．事故隐患治理完成后，项目法人应组织对重大事故隐患治理情况进行验收和效果评估，并签署意见，报项目主管部门和安全生产监督机构备案；隐患排查组织单位应负责对一般安全隐患治理情况进行复查，并在隐患整改通知单上签署明确意见。

7．有关参建单位应按月、季、年对隐患排查治理情况进行统计分析，形成书面报告，经单位主要负责人签字后，报项目法人。项目法人应于每月5日前、每季第一个月的15日前和次年1月31日前，将上月、季、年隐患排查治理统计分析情况报项目主管部门、安全生产监督机构。

8．各参建单位应加强对自然灾害的预防。对于因自然灾害可能导致的事故隐患，应按照有关法律法规、制度和标准的要求排查治理，采取可靠的预防措施，制定应急预案。各参建单位在接到有关自然灾害预报时，应及时发出预警通知；发生可能危及参建单位和人员安全的情况时，应采取撤离人员、停止作业、加强监测等安全措施，并及时向项目主管部门和安全生产监督机构报告。

9．地方人民政府或有关部门挂牌督办并责令全部或者局部停止施工的重大事故隐患，治理工作结束后，责任单位应组织本单位的技术人员和专家对治理情况进行评估。经治理后符合安全生产条件的，项目法人应向有关部门提出恢复施工的书面申请，经审查同意后，方可恢复施工。申请报告应包括治理方案的内容、效果和评估意见等。

二、重大危险源管理

（一）基本概念

1．危险源

危险源是指可能导致人身伤害、健康损害、财产损失、环境破坏或这些情况组合的根源或状态。

2.危险源辨识

危险源辨识是指识别危险源的存在并确定其特性的过程。

3.重大危险源

重大危险源是指可能导致人员死亡、严重伤害、财产严重损失、环境严重破坏或这些情况组合的根源或状态。

（二）危险源辨识、评价、控制与更新

水利工程建设项目现场安全管理实质就是危险源辨识、评价与控制管理，即控制和减少施工现场的施工危险源，做好事故预防措施，实现安全生产目标。

1.危险源辨识

危险源辨识是发现、识别系统中的危险源。它是危险源控制的基础，只有正确辨识了危险源，才能有的放矢地考虑如何控制危险源。

2.危险源评价

依据危险源辨识结果，采用作业条件危险性评价法（LEC法）半定量计算每一种危险源所带来的风险，确定危险源等级。

作业条件危险性评价法用与系统风险有关的三种因素之积来评价操作人员伤亡风险大小。这三种因素是发生事故可能性（L）、人员暴露于危险环境中的频繁程度（E）和一旦发生事故可能造成的后果（C）。

3.危险源控制

对危险源的控制主要有技术控制、个人行为控制和管理控制三种方法。

4.危险源更新

在下列情况下，各有关单位应及时重新组织危险源的辨识与评价，更新危险源信息。

（1）管理评审有要求时。

（2）当安全生产法律法规、标准规范及其他要求发生变化时（包括新颁发、修订、替代、废止等情况）。

（3）工程现场施工发生重大调整和变化时。

（4）采用新设备、新技术、新工艺、新材料前。

（5）相关方的抱怨明显增多时。

（6）发现危险源辨识有遗漏时。

（7）发生重大及以上生产安全事故后等。

（三）重大危险源辨识与评价

1. 水利工程施工的重大危险源应主要从下列几方面考虑。

（1）高边坡作业：①土方边坡高度大于30 m或地质缺陷部位的开挖作业；②石方边坡高度大于50 m或滑坡地段的开挖作业。

（2）深基坑工程：①开挖深度超过3 m（含）的深基坑作业；②开挖深度虽未超过3 m，但地质条件、周围环境和地下管线复杂，或影响毗邻建（构）筑物安全的深基坑作业。

（3）洞挖工程：①断面大于20 m^2或单洞长度大于50 m以及地质缺陷部位开挖；②不能及时支护的部位，地应力大于20 MPa或大于岩石强度的1/5或埋深大于500 m部位的作业；③洞室临近相互贯通时的作业，当某一工作面爆破作业时，相邻洞室的施工作业。

（4）模板工程及支撑体系：①工具式模板工程包括滑模、爬模、飞模工程；②混凝土模板支撑工程搭设高度5 m及以上，搭设跨度10 m及以上，施工总荷载10 kN/m^2及以上，集中线荷载15 kN/m及以上；③承重支撑体系用于钢结构安装等满堂支撑体系。

（5）起重吊装及安装拆卸工程：①采用非常规起重设备、方法，且单件起吊重量在10 kN及以上的起重吊装工程；②采用起重机械进行安装的工程；③起重机械设备自身的安装、拆卸作业。

（6）脚手架工程：①搭设高度24 m以上的落地式钢管脚手架工程；②附着式整体和分片提升脚手架工程；③悬挑式脚手架工程；④吊篮脚手架工程；⑤自制卸料平台、移动操作平台工程；⑥新型及异型脚手架工程。

（7）拆除、爆破工程：①围堰拆除作业，爆破拆除作业；②可能影响行人、交通、电力设施、通信设施或其他建（构）筑物安全的拆除作业；③文物保护建筑、优秀历史建筑或历史文化风貌区控制范围的拆除作业。

（8）储存、生产和供给易燃易爆危险品的设施、设备及易燃易爆危险品的储运，主要分布于工程项目的施工场所：①油库（储量：汽油20 t及以上；柴油50 t及以上）；②炸药库（储量：炸药1t）；③压力容器（压力不小于0.1 MPa和体积不小于100 m^3）；④锅炉（额定蒸发量1.0 t/h及以上）；⑤重件、超大件运输。

（9）人员集中区域及突发事件：①人员集中区域（场所、设施）的活动；②可能发生火灾事故的居住区、办公区、重要设施、重要场所等。

（10）其他：①开挖深度超过16 m的人工挖孔桩工程；②地下暗挖、顶管作业、水下作业工程及存在上下交叉的作业；③截流工程、围堰工程；④变电站、变压器；⑤采用新技术、新工艺、新材料、新设备及尚无相关技术标准的危险性较大的单项工程；⑥其他特殊情况下可能造成生产安全事故的作业活动、大型设备、设施和场所等。

2 . 水利工程施工重大危险源应按发生事故的后果分为下列级别。

（1）可能造成特别重大安全事故的危险源为一级重大危险源。

（2）可能造成重大安全事故的危险源为二级重大危险源。

（3）可能造成较大安全事故的危险源为三级重大危险源。

（4）可能造成一般安全事故的危险源为四级重大危险源。

3 . 项目法人应在开工前，组织各参建单位共同研究制定项目重大危险源管理制度，明确重大危险源辨识、评价和控制的职责、方法、范围、流程等要求。施工单位应根据项目重大危险源管理制度制定相应管理办法，并报监理单位、项目法人备案。

4 . 施工单位应在开工前，对施工现场危险设施或场所组织进行重大危险源辨识，并将辨识成果及时报监理单位和项目法人。

5 . 项目法人应在开工前，组织参建单位对本项目危险设施或场所进行重大危险源辨识，并确定危险等级。

6 . 项目法人应报请项目主管部门组织专家组或委托具有相应安全评价资质的中介机构，对辨识出的重大危险源进行安全评估，并形成评估报告。

7 . 安全评估报告应包括下列内容。

（1）安全评估的主要依据。

（2）重大危险源的基本情况。

（3）危险、有害因素的辨识与分析。

（4）发生事故的可能性、类型及严重程度。

（5）可能影响的周边单位和人员。

（6）重大危险源等级评估。

（7）安全管理和技术措施。

（8）评估结论与建议等。

8.评价结论。

（1）应简要地列出对主要危险、有害因素的评价结果，指出应重点防范的重大危险、有害因素，明确重要的安全对策措施。

（2）对于招投标阶段的预评价，还应对投标人的施工方法及安全措施等作出是否满足有关安全生产法律法规和技术标准要求的结论。

（3）对于施工期综合评价，还应对施工方法与辅助系统、安全管理等作出是否满足有关安全生产法律法规和技术标准要求，以及安全管理模式是否适应安全生产要求的结论。

9.安全评价报告的评审按有关法规规定进行。

10.项目法人应将重大危险源辨识和安全评估的结果印发给各参建单位，并报项目主管部门、安全生产监督机构及有关部门备案。

11.项目法人、施工单位应针对重大危险源制定防控措施，并应登记建档。项目法人或监理单位应组织相关参建单位对重大危险源防控措施进行验收。

12.重大危险源评价规定与方法。

（1）水利工程施工重大危险源评价，宜选用安全检查表法、预先危险性分析法、作业条件危险性评价法（LEC）、作业条件—管理因子危险性评价法（LECM）或层次分析法。

（2）不同阶段、层次应采用相应的评价方法，必要时可采用不同评价方法相互验证。

（3）应对辨识及评价出的重大危险源依据事故可能造成的人员伤亡数量及财产损失情况进行分级，可按以下标准分为四级。

一级重大危险源：可能造成30人以上（含30人）死亡，或者100人以上重伤，或者1亿元以上直接经济损失的危险源。

二级重大危险源：可能造成10～29人死亡，或者50～99人重伤，或者5 000万元以上1亿元以下直接经济损失的危险源。

三级重大危险源：可能造成3～9人死亡，或者10～49人重伤，或者1 000万元以上5 000万元以下直接经济损失的危险源。

四级重大危险源：可能造成3人以下死亡，或者10人以下重伤，或者1 000万元以下直接经济损失的危险源。

（4）每一阶段的危险源辨识及评价完成时均应编写并提交报告。

（5）水利工程施工重大危险源评价，按层次可划分为总体评价、分部评价及专项评价。

（6）水利工程施工重大危险源评价，按阶段可划分为预评价、施工期评价。

（7）预评价对象有物质仓储区、设施、场所、危险环境、待开工的施工作业。

（8）预评价应对以下内容进行评价：①规划的施工道路、办公及生活场所、施工作业场所可能遭遇的地质、洪水等自然灾害；②可能存在有毒、有害气体的地下开挖作业环境；③规划的危险化学品仓库；④施工地段的不良地质情况；⑤待开工的单位工程或标段。

（9）施工期评价对象有生产、施工作业。

第七章　水利工程管理现代化评价

第一节　水利工程管理现代化目标和内容

一、水利工程管理的基本原则

（一）与我国社会主义现代化战略相协调，适度超前

水利是国民经济和社会发展的基础和保障，水利现代化是我国社会主义现代化的重要组成部分。水利现代化建设，是为了满足经济社会的现代化对水利的需求。随着经济不断发展和社会生产力水平的不断提高，人们对防洪保安、水资源供给、水环境保护等的需求也在不断发展、变化。因此，作为水利现代化重要组成部分的水利工程管理现代化应与我国社会主义现代化的进程相协调，适度超前发展，满足经济社会发展到不同阶段的不同要求。

（二）因地制宜，因时制宜

我国地区间自然条件、经济社会发展水平和发展速度存在差异，各地区对水利现代化的发展需求、目标和任务以及可以提供的保障条件不尽相同。因此，在水利工程管理现代化进程中，要因地制宜，东中西协调，南北总揽，城乡统筹，流域与区域统筹，根据需要与可能，确定本地区水利工程管理现代化建设阶段性的重点领域和主要任务，为全面经济发展基本实现水利现代化创造条件。

（三）整体推进，重点突出，分步实施，加快进程

水利工程管理现代化建设涉及很多方面，既包括水利建设与生态环境保护，人与自然关系变化以及治水思路的调整，又涉及管理体制、机制和法制的完善

等。因此，要统筹兼顾，依靠科技进步，整体推进水利工程管理现代化水平；同时，又要合理配置人力、物力资源，突出重点领域和关键问题，抓住主要矛盾，集中力量，力争短时期在重点领域有所突破。

（四）深化改革，注入活力，开创新局面，加快发展

水利面临着难得的发展机遇，中央和各级人民政府高度重视水利工作，水利投入大幅度增加，全社会水忧患意识普遍增强，为推进水利工程管理现代化提供了契机。在工程管理改革上，区别于不同工程的功能和类型，建立与社会主义市场经济相适应的管理体制、运行机制，水利工程经营性项目全面推向市场，并形成水利社会化经营服务格局。

二、水利工程管理现代化的目标与分区推进构想

（一）水利工程管理现代化目标

作为体现水利现代化水平重要方面的水利工程管理，必须加大改革和创新力度，以现代的治水理念、先进的科学技术、完善的基础设施、科学的管理制度，武装和改造传统水利，努力实现工程管理的制度化、规范化、科学化、法治化，创建现代化的水利工程管理体系。确保水利工程设施完好，保证水利工程实现各项功能，长期安全运行，持续并充分发挥效益。

（二）分区推进构想

水利工程管理的现代化进程应科学规划，分步实施，按照工作步骤，制订周密的工作计划，完善工作程序，规范工作制度，有计划、有步骤地推进实施。各省、市、县都应选择不同类型的典型，按照“积极稳妥、先易后难、先点后面”的原则，开展试点工作，为全面推进改革积累经验。对试点中出现的新情况、新问题，及时研究、及时处理，对试点中发现的好经验、好做法，及时宣传、及时推广。要坚持一切从实际出发的原则，既要大胆借鉴事业单位和国有企业改革的成功经验，又要立足于水利行业和本单位的实际，根据各水利工程管理单位所承担的任务和人员、资产的现状，实行分类指导。

既要重视国内外先进水利管理理论和实践经验的学习借鉴，又要注重总结推广基层单位在水利管理实践中涌现出来的改革创新的典型经验，以点带面、点面结合、积极稳妥、扎扎实实地推进水利管理与改革，不断加快水利管理现代化进程。

三、水利工程管理理念现代化

按照科学发展观的要求，在水利建设与管理工作中应自觉树立以下几种意识。

（一）以人为本的意识

优质的工程建设和良好运行管理的根本目的是人民群众的切身利益，为人民提供可靠的防洪保障和水资源保障，保证江河资源开发利用不会损害流域内的社会公共利益。

（二）公共安全的意识

水利工程公益性功能突出，与社会公共安全密切相关。要把切实保障人民群众生命安全作为首要目标，重点解决关系人民群众切身利益的工程建设质量和工程运行安全问题。

（三）公平公正的意识

公平公正是和谐社会的基本要求，也是水利工程建设管理的基本要求。在市场监管、招标投标、稽查检查、行政执法等方面，要坚持公平公正的原则，保证水利建筑市场规范有序。

（四）环境保护的意识

人与自然和谐相处是构建和谐社会的重要内容，要高度重视水利建设与运行中的生态和环境问题，水利工程管理工作要高度关注经济效益、社会效益、生态效益的协调发挥。

四、水利工程管理体制机制现代化

水利工程管理体制改革的实质是理顺管理体制，建立良性管理运行机制，实现对水利工程的有效管理，使水利工程更好地担负起维护公众利益、为社会提供基本公共服务的责任。

（一）建立职能清晰、权责明确的水利工程管理体制

准确界定水利工程管理单位性质，合理划分其公益性职能及经营性职能。承担公益性工程管理的水利工程管理单位，其管理职责要清晰、切实到位；同时要纳入公共财政支付，保证经费渠道畅通。

（二）建立管理科学、运行规范的水利工程管理单位运行机制

加大水利工程管理单位内部改革力度，建立精干高效的管理模式。核定管养

经费，实行管养分离，定岗定编，竞聘上岗，逐步建立管理科学，运行规范，与市场经济相适应，符合水利行业特点和发展规律的新型管理体制和运行机制。更好地保障公益性水利工程长期安全可靠地运行。

（三）建立市场化、专业化和社会化的水利工程维修养护体系

在水利工程管理单位的具体改革中，稳步推进水利工程管养分离。具体分三步：第一步，在水利工程管理单位内部实行管理与维修养护人员以及经费分离，工程维修养护业务从所属单位剥离出来，维修养护人员的工资逐步过渡到按维修养护工作量和定额标准计算；第二步，将维修养护部门与水利工程管理单位分离，但仍以承担原单位的养护任务为主；第三步，将工程维修养护业务从水利工程管理单位剥离出来，通过适当的采购方式择优确定维修养护企业，水利工程维修养护走上社会化、规范化、标准化和专业化的道路。对管理运行人员全部落实岗位责任制，实行目标管理。

五、水利工程管理手段现代化

（一）水利工程自动化监控与信息化

制订水利工程管理信息化发展规划和实施计划。积极探索管理创新，引进、推广和使用管理新技术，引进、研究和开发先进管理设施，改善管理手段，提升管理工作科技含量，推进管理现代化、信息化建设，提高水利工程管理水平。

1. 推进水利工程管理信息化

依托信息化重点工程，加强水利工程管理信息化基础设施建设，包括信息采集与工程监控、通信与网络、数据库存储与服务等基础设施建设，全面提高水利工程管理工作的科技含量和管理水平。

建立大型水利枢纽信息自动采集体系。采集要素覆盖实时雨水情、工情、旱情等，其信息的要素类型、时效性应满足防汛抗旱管理、水资源管理、水利工程运行管理、水土保持监测管理的实际需要。

建立水利工程监控系统。建立水利工程监控系统，以提升水利工程运行管理的现代化水平，充分发挥水利工程的作用。

建立信息通信与网络设施体系。在信息化重点工程的推动下，建立和完善信息通信与网络设施体系。

建立信息存储与服务体系。提供信息服务的数据库，信息内容应覆盖实时雨

水情、历史水文数据、水利工程基本信息、社会经济数据、水利空间数据、水资源数据、水利工程管理有关法规、规章和技术标准数据、水政监察执法管理基本信息等方面。

建立比较完善的信息化标准体系；提高信息资源采集、存储和整合的能力；提高应用信息化手段向公众提供服务的水平；大力推进信息资源的利用与共享；加强信息系统运行维护管理，定期检查，实时维护；建立、健全水利工程管理信息化的运行维护保障机制。

在病险水库除险加固和堤防工程整治时，要将工程管理信息化纳入建设内容，列入工程概算。对于新的基建项目，要根据工程的性质和规模，确定信息化建设的任务和方案，做到同时设计，同期实施，同步运行。

2. 建立遥测与视频图像监视系统

对河道工程，建立遥测与视频图像监视系统。可实时“遥视”河道、水库的水位、雨势、风势及水利工程的运行情况，网络化采集、传输、处理水情数据及现场视频图像，为防汛决策及时提供信息支撑。有条件时，建立移动水利通信系统。对大中型水库工程，建立大坝安全监测系统，用于大坝安全因子的自动观测、采集和分析计算，并对大坝异常状态进行报警。

3. 建立水利枢纽及闸站自动化监控系统

建立水利枢纽及闸站自动化监控系统，对全枢纽的机电设备、泵站机组、水闸船闸启闭机、水文数据及水工建筑物进行实时监测、数据采集、控制和管理。运行操作人员通过计算机网络实时监视水利工程的运行状况，包括闸站上下游水位、闸门开度、泵站开启状况、闸站电机工作状态、监控设备的工作状态等信息，并且可依靠遥控命令信号控制闸站闸门的启闭。为确保遥控系统安全可靠，采用光纤信道，光纤以太网络将所有监测数据传输到控制中心的服务器上，通过相应系统对各种运行数据进行统计和分析，为工程调度提供及时准确的实时信息支撑。

4. 建立水情预报和水利工程运行调度系统

建立洪水预报模型和防洪调度自动化系统。该系统对各测站的水位、流量、雨量等洪水要素实行自动采集、处理并进行分析计算，按照给定的模型作出洪水预报和防洪调度方案。

建立供水调度自动化系统。该系统对供水工程设施（水库蓄泄建筑物、引水枢纽、抽水泵站等）和水源进行自动测量、计算和调节、控制，一般设有监控中心站和端站。监控中心站可以观测远方和各个端站的闸门开启状况、上下游水位，并可按照计划自动调节控制闸门启闭和开度。

（二）水利工程维修养护的专业化、市场化

1.规范维修养护实施

依据有关法规、规范、标准、实施方案、维修养护合同等进行维修养护工作，严格按照合同要求完成维修养护任务，确保维修养护项目的进度和质量，水利工程管理单位要合理确定维修养护内容，安排维修养护项目，主持项目的阶段验收、完工验收和初步验收，及时申请竣工验收，对维修养护项目质量负全责。

2.规范维修养护项目合同管理

水利工程维修养护项目分日常维修养护和专项维修养护，日常维修养护合同根据工程类别及管理单位实际情况进行定期或不定期签订，专项维修养护合同根据项目情况签订。合同签订时，水利工程管理单位和维修养护企业要严格按照正规的维修养护合同文本进行，双方商讨并同意后签订维修养护合同，作为维修养护项目实施的依据。维修养护企业要严格按照合同规定履行维修养护职责，行使维修养护权力，按照合同约定的工期完成维修养护任务。水利工程管理单位及时对合同的执行情况进行检查、督促，及时掌握维修养护项目的实施情况。维修养护项目竣工验收后，及时对合同的执行情况、合同存在的问题进行总结，为今后合同的签订奠定基础，使维修养护合同更加规范、完善。

3.规范维修养护项目实施

项目实施过程中，维修养护企业应加强现场管理，牢固树立质量意识，严格控制项目质量，完善项目实施程序及质量管理措施，认真落实质量检查制度，及时填写原始资料，真实反映项目实施的实际情况。水利工程管理单位对实施情况及时抽查，发现问题后，及时责令维修养护企业加以整改，确保维修养护项目质量。主管单位适时进行检查、督促，促进维修养护项目的顺利实施。

4.规范维修养护项目验收和结算手续

根据维修养护合同规定，工程价款一般按月结算，为此，工程价款结算前应对维修养护项目进行月验收，并出具验收签证，签证内容包括本月完成的维修养护项目工程量、质量及维修养护工作遗留问题，验收签证作为工程价款月支付的依据。季验收在月验收的基础上进行，主要对项目每季度完成情况和存在的问题

进行检查。年度验收是对维修养护项目本年度的完成情况进行检查，查看项目实施过程中存在的问题，对维修养护项目的总体实施情况进行验收，为维修养护项目的结算和移交提供依据。

维修养护项目验收后，及时办理项目结算，对照维修养护合同进行审核，未验收或验收不合格的项目不予结算工程款。合同变更部分要有完备的变更手续，手续不全或尚未验收的项目，不进行价款结算。规范结算手续，确保维修养护经费的安全和合理使用。

5. 建立质量管理体系和完善质量管理措施

实行水利工程管理单位负责、监理单位控制、维修养护企业保证的质量管理体系。维修养护企业应建立健全质量保证体系，制定维修养护检测、检查、人员管理、结算等一系列规章制度，规范企业的行为，并采取有力措施，使之能够按照有关规范、规定和维修养护合同完成维修养护任务，确保维修养护质量。监理单位应建立健全质量控制体系，按照监理合同和维修养护合同要求，搞好项目质量抽查，控制项目的进度、质量、投资和安全，及时发现和处理项目实施过程中出现的问题，保证项目的顺利实施。水利工程管理单位应建立质量检查体系，制定检查、验收等管理制度和办法，成立监督、检查小组，督促维修养护企业严格按照规定和合同实施项目，适时组织由项目建设各方参加的联合检查，发现问题，责令维修养护企业整改。项目建设各方相互协调、相互配合、相互监督，共同促进维修养护项目的顺利实施。

（三）水利工程管理制度化、规范化与法治化

1. 建立健全各项规章制度

基层水利工程管理单位应建立健全各项规章制度，包括人事劳动制度、学习培训制度、岗位责任制度、请示报告制度、检查报告制度、事故处理报告制度、工作总结制度、大事记工作制度、安全管理制度、档案管理制度等，使工程管理有规可依、有章可循。制度建立后，关键在于狠抓落实，只有这样，才能全面提高管理水平，确保工程的安全运行，发挥高效益。

水利工程管理单位应按照档案主管部门的要求建有综合档案室，设施配套齐全，管理制度完备，档案分文书、工程技术、财务等三部分，由经档案部门专业培训合格的专职档案员负责档案的收集、整编、使用服务等综合管理工作。档案资料收集齐全，翔实可靠，分类清楚，排列有序，有严格的存档、查阅、保密等

相关管理制度，通过档案规范化管理验收。

同时，抓好各项管理制度的落实工作，真正做到有章可循，规范有序。

2.建立严格的工程检查、观测工作制度

水利工程管理单位应制定详细的工程检查与观测制度，并随时根据上级要求结合单位实际修订完善。工程检查工作，可分为经常检查、定期检查、特别检查和安全鉴定。经常对建筑物各部位、设施和管理范围内的河道、堤防、拦河坝等进行检查。检查周期，每月不得少于一次。每年汛前、汛后或用水期前后，对水闸（水库、泵站、河道）各部位及各项设施进行全面检查。当水闸（水库、泵站、河道）遭受特大洪水、风暴潮、台风、强烈地震等和发生重大工程事故时，必须及时对工程进行特别检查。按照安全鉴定规定开展安全鉴定工作，鉴定成果用于指导水闸（水库、泵站、河道）的安全运行和除险加固。

按要求对水工建筑物进行垂直位移、渗透及河床变形等工程观测，固定时间、人员、仪器；观测资料整编成册；根据观测提出分析成果报告，提出利于工程安全、运行、管理的建议；观测设施完好率达90%以上。

要经常对水利工程进行检查，加强汛期的巡查和特殊情况下的特别检查，发现问题及时解决，并做好检查记录。

3.推进水利工程运行管理规范化、科学化

水库工程制定调度方案、调度规程和调度制度，调度原则及调度权限应清晰；每年制订兴利调度运用计划并经主管部门批准；建立对执行计划进行年度总结的工作制度；水闸、泵站制订控制运行计划或调度方案；应按水闸、泵站控制运用计划或上级主管部门的指令组织实施；按照泵站操作规程运行；河道（网、闸、站）工程管理机构制订供水计划；防洪、排涝实现联网调度。

通过科学调度实现工程应有效益，是水利工程管理的一项重要内容。要把汛期调度与全年调度相结合，区域调度与流域调度相结合，洪水调度与资源调度相结合，水量调度与水质调度相结合，使调度在更长的时间、更大的空间、更多的要素、更高的目标上拓展，实现洪水资源化，实现对洪水、水资源和生态的有效调控，充分发挥工程应有作用和效益，确保防洪安全、供水安全、生态安全。

（四）做好社会管理工作，建立社会公众参与管理制度

建立完善的依法、科学、民主决策机制，确定重大决策的具体范围、事项和量化标准并向社会公开，规范行政决策程序，细化公众参与、专家论证、合法性

审查的程序和规则；全面推进政务公开，规范行政权力网上公开透明运行机制，建立健全法规、规范性文件的定期清理、规范性文件审查备案、边界水事纠纷的协调等制度；规范执法行为，完善执法程序、规范行政处罚自由裁量权、推行执法公开制度，落实执法经费，提高执法质量和依法行政水平；推动水政监察信息化建设，严格查处各类水事违法行为，提高规费征收率，定期开展专项执法活动，完善水事矛盾纠纷预防调处机制，维护良好的社会水事秩序。

为提升社会公众参与度，需要做到：着力发展经济，夯实公众参与基础；加强思想教育，提升公众参与意识；强化制度建设，畅通公众参与渠道；转变政府职能，拓宽公众参与空间；发展社会组织，壮大公众参与载体；推进社区自治，筑牢公众参与平台。

第二节 水利工程管理现代化评价基本框架

一、指标体系构建原则

反映水利工程管理现代化单项特征的指标比较多，有些指标相关性很强，有些指标虽然重要，但不易取得准确数据，为了客观、准确而且比较全面地反映水利工程管理现代化建设发展水平，在确定指标体系时遵循以下基本原则。

（一）先进性、系统性与可行性相协调的原则

评价指标体系应充分反映水利工程管理与经济社会发展相协调并适度超前的要求，体现先进性，并综合反映水利工程管理现代化建设各方面要求，同时要充分考虑实施的可行性。

（二）定量和定性相结合的原则

评价指标应尽可能量化，增强指标的科学性和可操作性，尽可能利用现有统计数据和便于收集到的数据，对于不能统计和收集到数据的指标及数据模棱两可的指标暂不纳入指标体系。

（三）强制性与灵活性相结合的原则

指标体系应能灵活反映不同水利工程的管理现代化水平，根据评价指标体系

重要程度，采用强制性指标与一般性指标，体现水利工程管理现代化的重要特征和一般特征。

（四）层次性与可比性相结合的原则

评价指标体系应具有层次性，能从不同方面、不同层次反映水利工程管理现代化的实际情况。评价指标体系按三级指标设立，同一级内各指标应具有可比性，达到动态可比、横向可比，以便于权重确定。

（五）代表性与全面性相结合的原则

评价指标体系应反映大中型水利工程管理特点及建设要求，既要全面、科学、系统地体现水利工程管理现代化的整体情况，又要具有一定的代表性，避免评价指标内涵的重复。

（六）可操作性和导向性相结合的原则

评价指标体系最终要能对具体工程进行评价，因此指标体系的内容应该简单易懂，所需资料应该便于评价人员收集、整理、归纳，计算过程简单明了，具备快速、方便实现评价水利工程管理水平的可操作性，同时指明已建水利工程在管理上的不足和可发展空间，为水利工程管理现代化未来发展的趋势提供思路。

二、评价指标体系的组成项目

根据以上原则，参考国内外已有水利工程管理现代化评价指标体系，结合水利工程管理现代化建设目标及水利工程管理特点与现状，确定能够反映水利工程管理现代化的五个一级指标作为准则层，并下设若干二级指标与三级指标，构成水利工程管理现代化评价“五大指标体系”，具体包括：（1）水利工程规范化管理体系；（2）水利工程设施设备管理体系；（3）水利工程信息化管理体系；（4）水利工程调度运行及应急处理能力体系；（5）水生态环境管理体系。

这五个方面的评价方法可分为两类：定性评价和定量评价。定性评价全面，但人为因素较多；定量评价客观且人为因素较少，数据来源稳定。定性评价为：（1）水利工程规范化管理体系；（2）水利工程设施设备管理体系；（3）水利工程信息化管理体系；（4）水利工程调度运行及应急处理能力体系。定量评价为：水生态环境管理体系。这五大指标体系又称为“一级指标体系”，在各组成项目属下再分解为若干二级评价指标与三级指标。二级评价指标合计有54项，三级评价指标合计有205项。

三、评价指标体系中的二级指标

（一）水利工程规范化管理体系

此一级指标体系包含4个二级评价指标：（1）组织管理；（2）安全管理；（3）运行管理；（4）经济管理。三级指标不再一一列举。

（二）水利工程设施设备管理体系

此一级指标体系包含6个二级评价指标。

1.堤防工程

包含8个三级指标：（1）堤防断面；（2）堤顶道路；（3）堤防防护工程；（4）穿堤建筑物；（5）生物防护工程；（6）排水系统；（7）观测设施；（8）管理辅助设施。

2.水库大坝

包含7个三级指标：（1）坝身断面；（2）坝顶道路；（3）大坝防护工程；（4）生物防护工程；（5）排水系统；（6）观测设施；（7）管理辅助设施。

3.水闸工程（含水库泄洪闸、泄洪洞）

包含7个三级指标：（1）闸门；（2）启闭机；（3）机电设备及防雷设施；（4）土工建筑物；（5）石工建筑物；（6）混凝土建筑物；（7）观测设施。

4.泵站工程

包含10个三级指标：（1）主机泵；（2）辅机系统；（3）高低压电气设备；（4）机电设备及防雷设施；（5）闸门；（6）启闭机；（7）土工建筑物；（8）石工建筑物；（9）混凝土建筑物；（10）观测设施。

5.灌区工程——渡槽

包含3个三级指标：（1）土工建筑物；（2）石工建筑物；（3）混凝土建筑物。

6.灌区工程——倒虹吸

包含4个三级指标：（1）闸门；（2）石工建筑物；（3）管身建筑物；（4）零部件。

（三）水利工程信息化管理体系

此一级指标体系包含3个二级评价指标：（1）信息基础设施；（2）水利信息资源；（3）业务应用系统。三级指标不再一一列举。

（四）水利工程调度运行及应急处理能力体系

此一级指标体系包含4个二级评价指标：（1）指挥决策科学化；（2）应急处置规范化；（3）防汛抢险专业化；（4）涉河事务管理。三级指标不再一一列举。

（五）水生态环境管理体系

此一级指标体系包含4个二级评价指标：（1）水土流失治理；（2）水质达标管理；（3）环境管理；（4）绿化管理。三级指标不再一一列举。

四、评价方法、步骤及标准

（一）评价方法

1.定性指标评价

对于定性考核内容，根据水利工程管理实践和现代化建设情况，对照水利工程管理现代化评价指标体系中的定性指标内涵，对水利工程管理现代化建设进展作分析评价，依据评价意见确定“定性指标达到等级”。定性指标分为五级：优秀，良好，一般，合格，不合格；相应分值如下：[0.9～1.0]、[0.8～0.9）、[0.7～0.8）、[0.6～0.7）、[0.4～0.6）。按照指标达到等级所确定的分值被定义为该指标的实现程度。

2.定量指标评价

对于定量考核内容，根据水利工程管理实践和现代化建设情况，对照和应用水利工程管理现代化评价指标体系中的定量指标定义，对水利工程管理现代化建设进展作分析评价，计算测定“定量指标现状值”。此外，依据水利工程管理现代化建设目标，参照相关规定、规划和科学研究成果确定“定量指标目标水平”，或根据专家意见汇总确定。在确定指标的目标水平并根据指标定义测定指标现状值的基础上，以（现状值/目标水平）作为该指标的实现程度。

3.合理缺项说明

针对具体的管理单位，有合理缺项，缺项指标不赋分，相应的目标水平值中同时减去该项分值。

4.分层级综合评价

二级指标评价方法：根据三级指标的考核值、指标权重的综合，采用算术加权法，确定二级指标的考核分值，对二级指标的建设水平进行评价。

一级指标评价方法：根据二级指标的考核值相加，确定一级指标的考核分值，对一级指标的建设水平进行评价。

综合水平评价方法：根据一级指标的考核值、指标权重的综合，采用算术加权法，确定系统总体的综合实现程度，对该体系综合建设水平进行评价。

（二）评价步骤

1. 选择评价指标和权重

针对不同类型和功能的水利工程，可对指标选择有所取舍，而且指标的权重也应区别确定。

2. 确定定量指标的目标水平

目标水平值的确定是对定量指标进行评价的基础，并带有特定社会发展阶段的技术水平、经济水平和价值取向的特征，兼具阶段性和地域性。因此，对定量指标确定目标水平值，是在评价过程中需要处理的一个重要环节。

3. 对三级指标进行评析、考核

在评价指标体系中，三级指标是具体的考核对象，对定性指标可根据其内涵进行考核以确定是否达到等级，对定量指标可根据其定义直接进行计算求得；在此基础上，确定各三级指标的实现程度。

4. 对二级指标进行评析、考核

二级指标是根据下一级各指标（三级指标）的考核结果、权重进行加权平均计算得到；在此基础上，确定该二级指标的实现程度。

5. 对一级指标进行评析、考核

一级指标是根据下一级各指标（二级指标）的考核结果进行相加得到；在此基础上，确定该一级指标的实现程度。

6. 对系统总体进行评价

系统总体指标是根据下一级各指标（一级指标）的考核结果、权重进行加权平均计算得到；在此基础上，确定系统总体的综合实现程度。

7. 分级评价和综合评价的关系

综合评价是对水利工程管理现代化建设水平和效果的高度概括，但不能反映具体的不足之处；从综合评价到一级指标评价，再到二级指标评价、三级指标评价，是逐步分解、分析的过程，存在的问题也逐渐明朗。因此，从衡量建设目标实现情况和指导今后建设发展方向角度出发，分级评价更切合实际，也更重要。

（三）评价标准

将水利工程管理现代化建设进程划分为三个阶段：初步实现、基本实现、实现，拟定了不同阶段的现代化评价标准。初步实现，水利工程管理现代化要求系统总体的综合实现程度达到85%及以上；基本实现，水利工程管理现代化要求系统总体的综合实现程度达到90%及以上；实现，水利工程管理现代化要求系统总体的综合实现程度达到95%及以上。

第八章　水资源管理

第一节　水资源量管理

一、水资源量管理基础

（一）地表水资源量

广义地讲，以液态或固态形式覆盖在地球表面上的自然水体都属于地表水。它包括海洋水、湖泊（水库）水、冰川水、河流水和沼泽水。地表水域覆盖的地球面积达到了地球表面积的75.1%，地表水的储量约占地球总储水量的97.9%。

在我国，人们通常所说的地表水并不包括海洋水，属于狭义的地表水的概念。地表水资源量就是河流、湖泊、冰川等地表水体中由当地降水形成的、可以更新的动态水量，常用天然河川径流量来表示。

（二）地下水资源量

地下水资源量是指降水、地表水体（含河道、渠系和渠灌田间）入渗补给地下含水层且可以更新的动态水量。山丘区采用排泄量法计算，包括河川基流量、山前侧向流出量、潜水蒸发量和地下水开采净消耗量；平原区采用补给量法计算，包括降水入渗补给量、地表水体入渗补给量和山前侧向流入量。在确定各行政分区和流域分区地下水资源量时，扣除了山丘区与平原区之间的重复计算量。

（三）水资源总量

水资源总量指当地降水形成的地表、地下水总量（不包括过境水量），由地表水资源量加地表水资源与地下水资源间不重复量而得。

（四）水资源可利用量

水资源可利用量包括地表水资源可利用量和地下水可开采量两部分。

地表水资源可利用量是指在可预见的时期内，在同时考虑生态环境需水和必要的河道内用水需求的前提下，通过经济合理、技术可行的措施，可供河道外一次性利用的最大水量（不含回归水重复利用量）。

地下水可开采量是指在可预见的时期内，通过经济合理、技术可行的措施，在不致引起生态环境恶化的条件下，允许从含水层中获得的最大水量。水资源可利用总量包括地表水水资源量与浅层地下水可开采量，并需扣除地表水资源可利用量与地下水可开采量之间重复计算的水量。重复水量主要是指平原区浅层地下水的渠系渗漏和渠灌田间入渗补给量的开采利用部分与地表水资源可利用量之间的重复计算量。

（五）水资源开发利用程度

水资源开发利用程度通常用地表水资源开发率、地下水开采率和水资源利用消耗率来表示。地表水资源开发率是指地表水资源供水量占地表水资源量的百分比；地下水开采率是指地下水实际开采量占地下水资源量的百分比；水资源利用消耗率是指用水消耗占水资源总量的百分比。

（六）供水量

供水量指各种水源工程为用户提供的包括输水损失在内的毛供水量，按地表水源、地下水源和其他水源（污水处理回用、雨水利用和海水淡化）三类水源统计。

（七）用水量

用水量指分配给用水户的包括输水损失在内的毛用水量，按农业（含林、牧、渔、畜的用水）、第二产业、第三产业、居民生活、生态五大类统计。

（八）用水消耗

用水消耗是指毛用水量在输水、用水过程中，通过蒸腾蒸发、土壤吸收、居民和牲畜饮用等各种形式消耗掉，而不能回归到地表水体或地下含水层的水量。

二、需水量预测

（一）工业需水量预测

1. 产量法

所谓产量法，就是通过各种工业产品年生产总量和单位产量需水量指标来推算工业生产需水量。工业产品和产量是衡量工业生产规模的重要指标，利用它来预测工业生产需水量，是比较直观和准确的。根据城市的工业结构的差异，产量法又分为单位产量需水量推算法和分区汇总分析法。

（1）单位产量需水量推算法。单位产量需水量推算法是通过各种产品的单位产量需水量指标和未来年份各种产品的产量，来推算未来年份的工业生产需水量。

单位产量需水量推算法是以单位工业产品的需水量指标作为计算基础的。一般情况下，一定生产工艺下的单位产品需水量指标是比较稳定的，而生产工艺在一定时期内也是比较稳定的，因此，采用此法预测工业生产需水量，可望达到较高的精度，尤其是当区域内或企业内的工业产品种类较少时（如以某种产品为主的新建工业城市或工矿区），采用此法更为适宜，并且较为简便。但是，对于综合性城市来说，工业产品种类很多，不适宜使用此法。

（2）分区汇总分析法。如果新建的工业城市或工矿区是以数个行业的大型企业为主，可以将全市或全区按照工业布局划分为若干个小区，在每一小区中采用单位产量需水量推算法或其他方法预测未来年份的工业生产需水量，然后将各区工业生产需水量汇总，即可得到全区的工业生产需水量。

分区汇总分析法是在单位产量需水量推算法或其他方法的基础上，针对区域工业布局规划的实际情况，采取先分区计算后汇总的办法。尤其是较大的工矿企业，其建设规模都有规划设计文件可循，规划的产品产量和需水量都可以在规划设计文件中查取，应用起来十分方便。但是，只有那些由大型工矿企业组成的特殊工业城市，才比较容易分区。而大多数城市的工业项目很多，并且分布较为混杂，各个行业发展到一定规模，城市就成为综合性的工业城市，这时就不容易分区，特别是那些老城市就更不易分区，所以分区汇总分析法也就不大适用了。

2. 产值法

产值法是利用综合的或分行业的工业生产总值和单位产值需水指标来推算区内工业生产需水量。工业生产总值也是一个衡量工业生产规模的重要指标。通过分析工业总产值的发展变化来预测工业生产需水量的变化，也是一种比较简便的方法，应用较为广泛。目前，国民经济计划部门制定工业发展规划时，多以工业总产值为指标，制定的工业发展目标就是工业总产值的发展目标，这更给利用产值法预测工业生产需水量提供了便利条件。地区的工业结构及其今后的发展变化情况不同，在应用产值法进行工业需水量预测时的具体做法也有所不同。因而，产值法又可分为单位产值需水量推算法、轻重工业产值比例推算法和行业产值需水定额推算法。实际工作中，可以根据具体情况加以选用。

（1）单位产值需水量推算法。该法是通过该地区近几年平均的各工业部门综合的单位产值需水量和未来年份的规划工业生产总值，来推算未来年份的工业生产需水量。

（2）轻重工业产值比例推算法。将区内工业分为轻工业和重工业两种类型，并分别求出它们的产值占全区工业总产值的比例及它们的单位产值需水量，然后根据全区未来年份规划工业总产值，推算出全区的工业生产需水量。

（3）行业产值需水定额推算法。利用行业产值推算工业生产需水量，将工业分为轻工业和重工业。在轻工业和重工业内部，不同行业的单位产值需水量差别仍然很大。因此，应先确定行业的单位产值需水量定额，然后依据未来年份的规划工业总产值和各行业规划产值占规划工业总产值的比例，推算出全区的工业生产需水量。

轻重工业产值法和行业产值需水定额推算法均考虑了未来工业结构变化对工业生产需水量的影响，较单位产值需水量法更为合理。但是，它们同样未考虑未来物价变动和单位产值需水量减少因素对单位产值需水量的影响。一般来说，应用这两种方法所预测的未来工业需水量比实际需水量偏大。

3.相关法

相关法是通过对工业生产需水量与时间序号、工业产值、工业用水重复利用率等各种因素之间的相关分析，建立回归模型，来预测未来年份的工业生产水量。一般来说，随着工业生产的发展，工业生产需水量也有相应的增加趋势。

因此，可利用相关分析的方法建立工业生产需水量与其他因素之间关系的回归模型，用以预测未来年份的工业生产需水量。

（1）时间相关法，即趋势法。根据地区的历年工业生产用水资料，按发展阶段分析其工业生产需水量的年平均增长率，分析今后工业发展情况将与历史上哪一阶段类似，则将该阶段的增长趋势外延得到未来年份的工业生产需水量。

（2）产值相关法，即增加率法。根据以往工业用水统计资料，查出历年工业生产需水量（供水量）的实际值，分析它与历年工业年产值的相关性。

（3）复相关法。复相关法是通过多因子相关分析来预测未来工业生产需水量的一种方法。按选取因子的不同，复相关法又包括加权系数法、多元回归法等多种具体方法。

（4）综合法。所谓综合法，就是综合考虑工业结构的改变、长远规划的目标、用水水平的提高等各种自然的和社会的因素，对某地预测方法进行适当的修正，或者是综合几种方法的长处，以预测未来年份的工业生产需水量。综合法包括多种具体方法，这里仅介绍以提高工业生产用水重复利用率为主的综合法。

以提高工业生产用水重复利用率为主的综合法，是根据单位产值需水量与工业年产值及工业生产用水重复利用率复相关的原理，不通过复杂的相关分析，而通过简便运算，求得未来年份的单位产值需水量。它主要是利用实际调查所得到的起始年份工业生产用水重复利用率、计划部门和供水管理部门所规划的未来年份工业生产用水重复利用率，来推算未来年份的单位产值需水量。

（二）城乡生活需水量预测

1. 综合用水指标趋势法

目前，常用的城乡生活需水量预测方法主要考虑了两个基本要素，即城市用水人口和人均生活需水量指标，二者的乘积即为城市生活需水量。

合理地确定人口发展规模是一个较为复杂的问题，现存的预测方法较多，如劳动平衡法、人口增长率法、劳动生产率法和综合分析法等。一般采用数种不同的方法进行预测，然后对多种结果进行对比分析，选取比较合适的数值。

长期以来，国内外多采用城市用水的综合指标来表征人均生活用水水平。这种指标综合地反映了居民生活水平的高低、住宅条件的好坏、卫生设施的优劣、城市规模的大小、现代化公共建筑的多少及标准的高低等因素，所以它在一定程度上成为一个国家、地区和城镇文明先进程度的标志。影响城市生活用水综合指标的因素很多，其中最主要的是城市规模，因此各国在制定城市生活用水综合指标时，以城市规模为主要参数。我国原国家建委城建总局曾针对城市缺水情况，拟定了一个不同城市规模、不同发展阶段的城市生活用水标准。

目前，我国农村生活用水的实际指标比较低，农村生活用水综合指标应逐渐提高， 尤其是城市郊区。

人均生活用水指标也可选用分项的用水指标，如居民住宅生活需水量指标、公共建筑生活需水量指标、工矿企业内职工生活及淋浴需水量指标、消防需水量指标、市政需水量指标等，但这些指标调查确定都较困难。

2.分类分析权重变化估算法

一个城市中的各种用水项目之间的需水量存在着一定的比例关系，而且这种比例关系与许多因素有关，所以各种类型的用户其用水定额也是随着时间的推移而发生变化的。

（三）农业需水量预测

1.作物需水量及其量度指标

水分是植物生活所需的基本物质，也是植物正常生长发育的环境条件。具体而言，水分在植物生活中的作用有以下三个方面：第一，水分是植物有机体的主要成分。第二，水是绿色植物进行光合作用的基本原料之一。植物在合成碳水化合物的过程中，只有在水存在的前提下，有机体的细胞的生理活动才能得以正常进行；植物的一切生理生化反应，一般都必须在水的参与下才能完成；固态的无机物和有机物只有溶解于水中才能被植物吸收利用；植物吸收的各种物质和制造的有机物，也只有借助于水才能运输到植物的各个部分去。第三，水是支撑整个植物体的主要成分之一。水分使植物有尽可能大的同化面积，以捕获能量和二氧化碳；还可以通过植物叶片中气孔对于水分的蒸腾，形成植物体的根系对土壤内的水分和养分的进一步吸收；水的蒸腾还可以调节机体的温度，使温度保持在一个适宜的范围内。

水分在植物生活中的作用极为重要，植物的正常生长所需要的水分就是植物需水量。作物对于人类具有特殊意义，同样有其需水量。作物需水量包括四部分：植物同化过程耗水和植物体内包含的水分，蒸腾耗水，农田植株表面蒸发耗水以及土壤蒸发耗水。前两部分是植物生理过程所必需的，称为“生理需水”；后两部分是植物生活环境条件形成中所必需的，称为“生态需水”。不同作物需水量的四个组成部分所占作物需水总量的比例各不相同，其中蒸腾耗水和土壤蒸发是最主要的耗水项目，一般占作物需水量的99%，其他两项仅占1%。由此可见，可以把作物需水量近似理解为稳产高产农田中作物叶面蒸腾和棵间土壤蒸发的水量之和，简称为“作物蒸发量”。因此，通常把蒸发力作为作物需水量的量度指标。蒸发力的大小，既取决于气象条件，又取决于下垫面的性质。在同一气象条件下，蒸发力因下垫面性质的不同而有很大差异。

2.蒸发力的确定方法

确定蒸发力的大小有实测和气候学计算两种途径。前者通常采用蒸发皿来进行；后者则有多种计算方法，我国常用的计算方法可归纳为经验公式法和热量平衡法两大类。

（1）蒸发皿实测法。这种方法是利用蒸发皿直接观测获得蒸发量，然后利用实测蒸发量与蒸发力之间的关系求得蒸发力。这种方法的优点是计算简便，主要问题是蒸发皿能储蓄相当多的热量，使得夜晚和白天的蒸发量几乎相等，而大多数作物只有在白天才有蒸腾作用。另外，蒸发皿的口径大小、材料、安装方式及其周围环境等，都会影响蒸发皿的观测结果，因而蒸发皿的蒸发量对自然水体蒸发量的折算系数不稳定，从而影响计算精度。

（2）经验公式法。①根据空气饱和差确定蒸发力空气温度是影响蒸发的重要因子。水面蒸发力与饱和差成正比是利用饱和差资料计算蒸发力的主要依据。许多实验研究表明，空气饱和差增大时，水面蒸发量通常比饱和差的增加要慢得多，因此利用饱和差资料计算干旱地区蒸发力存在较大误差。②根据气温和积温确定蒸发力。③根据辐射平衡确定蒸发力。如果一地区水源充足，土壤充分湿润，在一年内土壤的热交换为零，则该地区的年蒸发力基本上由辐射决定。

（3）热量平衡法。一般来说，决定蒸发力的最主要因素是辐射平衡、空气温度和空气湿度。因而，从理论上讲，确定蒸发力的最好方法应综合考虑这三种因素。热量平衡法考虑了这三种因素，因而它是计算蒸发力的较合理的综合方法。

农作物需水量是在农田充分供水条件下，生长茂盛的大田作物叶面蒸腾和棵间土壤蒸发所消耗水量的总和，其数量取决于气候条件、土壤给水性能和作物的生物学特性。

作物系数是表征蒸发力和作物需水量之间关系的一个物理量，是作物需水量实测值与所计算的蒸发力之比。作物系数可以根据作物需水量实测资料和计算所得的蒸发力资料来确定。

农业用水是一项主要用水，在国民经济中占有极其重要的地位，关系到人类的生存和民族振兴。为实现扩大灌溉面积而不增大农业用水量的目标，“农业节水”是解决水资源短缺的重点，是今后农业灌溉的努力方向。

（四）生态环境用水的预测

生态环境用水是指为生态环境美化、修复与建设或维持其质量不至于下降所需要的最小需水量。在预测时，要考虑将河道内和河道外两类生态环境需水口径分别进行预测。河道内生态环境用水分为维持河道基本功能和河口生态环境的用水，河道外生态环境用水分为湖泊湿地生态环境与建设用水、城市景观用水等。城镇绿化用水、防护林草用水等以植被需水为主体的生态环境需水量，可以用灌溉定额的方式预测。对于湿地、城镇河湖补水等，以规划水面的水面蒸发量与降水之差为其生态环境需水量。

生态环境用水的预测比较复杂，也较困难。国外水资源统计不单列生态环境用水，而将种树种草的用水计入农业用水，改善城市水环境用水计入生活用水或公共用水，将维持河流水沙平衡及保护湿地、维持水域生态环境的用水视为河道内用水，采取设定河流和湖泊的最小流量或最低水位等加以规范。

由于早期水管理失控，过度开发水资源，河流节节拦蓄，使黄河长期断流，北方河流几乎成为季节性河流；无节制地开采地下水，使一些地方水源枯竭，甚至造成地质灾害；大搞围湖造田、湿地开荒、在缺水地区发展商品粮基地等，极大地损害了我国的生态系统，生态环境用水欠账很多。

三、水资源供需平衡分析

（一）水资源供需平衡分析的目的和意义

水资源供需平衡分析，是指在一定范围内（行政、经济区域或流域），不同时期的可供水量和需水量的供求关系分析。它的目的是以国民经济和社会发展计划与国土整治规划为依据，在江河湖库流域综合规划和水资源评价的基础上，按供需原理和综合平衡原则来测算今后不同时期的可供水量和用水量，制订水资源长期供求计划和水资源开源节流的总体规划，以实现或满足一个地区可持续发展对淡水资源的需求。其目的有三：一是通过可供水量和需水量的分析，弄清楚水资源总量的供需现状和存在的问题；二是通过不同时期不同部门的供需平衡分析，预测未来，了解水资源余缺的时空分布；三是针对水资源供需矛盾，进行开源节流的总体规划，明确水资源综合开发利用保护的主要目标和方向，以期实现水资源的长期供求计划。因此，水资源供需平衡分析是国家和地方政府制订社会经济发展计划和保护生态环境必须进行的行动，也是进行水源工程和节水工程建设，加强水资源、水质和水生态系统保护的重要依据。所以，开展此项工作，对水资源的开发利用获得最大的经济和环境效益，满足社会经济发展对水量和水质的日益增长的需求。同时，在维护水资源的自然功能、维护和改善生态环境的前提下，合理充分地利用水资源，使得经济建设和水资源保护同步发展，都具有重要意义。

（二）水资源供需平衡分析的原则

水资源供需平衡分析涉及社会、经济、环境生态等方面，不管是从可供水量还是需水量方面分析，牵涉面广且关系复杂。因此，供需平衡应遵循以下原则。

1. 近期和远期相结合

水资源供需关系，不仅与自然条件密切相关，而且受人类活动的影响，即和社会经济发展阶段有关。同一个地区，在经济不发达阶段，水资源往往供大于求，随着经济的不断发展，特别是城市的经济发展，水资源的供需矛盾逐渐突出，有的城市在供水不足时不得不采取应急措施和修建应急工程。水资源的供需必须有中长期的规划，要做到未雨绸缪，不能临渴掘井。供需平衡分析一般分为现状、中期和远期几个阶段，既要把现阶段的供需情况弄清楚，又要充分分析未来的供需变化，把近期和远期结合起来。

2. 流域和区域相结合

水资源具有按流域分布的规律，然而用水部门有明显的地区分布特点，经济或行政区域和河流流域往往是不一致的，因此，在进行水资源供需平衡分析时，要认真考虑这些因素，划好分区，把小区和大区、区域和流域结合起来。在进行具体的水资源供需分析时，要和水资源评价合理衔接在牵涉上、下游分水和跨地区跨流域调水上，更要注意大、小区域的结合。

3. 综合利用和保护相结合

水资源是具有多种用途的资源，其开发利用应做到综合考虑，尽量做到一水多用。水资源又是一种易污染的流动资源，在供需分析中，对有条件的地方，供水系统应多种水源联合调度，用水系统考虑各部门交叉或重复使用，排水系统注意各用水部门的排水特点和排污、排洪要求。更值得注意的是，在发挥最大经济效益而开发利用水资源的同时，应十分重视水资源的保护。例如，地下水的开采要做到采补平衡，不应盲目超采；作为生活用水的水源地则不宜开发水上旅游和航运；在布置工业区时，对其排放的有毒有害物质，应作妥善处理，以免污染水源。

（三）水资源供需平衡分析的方法

水资源供需平衡分析必须根据一定的雨情、水情来进行分析计算，主要有两种分析方法。一种为系列法，一种为典型年法（或称“代表年法”）。系列法按雨情、水情的历史系列资料进行逐年的供需平衡分析计算；而典型年法仅根据雨情、水情具有代表性的几个不同年份进行分析计算，而不必逐年计算。这里必须强调，不管采用何种分析方法，所采用的基础数据（如水文系列资料、水文地质的有关参数等）的质量是至关重要的，将直接影响到供需分析成果的合理性和实用性。

四、非常规水资源的开发及利用

（一）海水的利用

1. 开发海底淡水资源

海底存在大量的淡水。海底淡水的开发利用是一个重要的水源。新生代近岸浅海区的地质构造运动以及海、陆环境变迁，是海底地下水储存的主要原因。陆地水系，尤其是地下含水层向海域延伸，从而储存海底淡水资源。第四纪，特别是晚第四纪以来海平面多次升降，相应地使在大陆架大河口区的古河谷经历多次“河流下切—河床冲积—海侵进积—海退前积”的周期性发育过程，从而造就多期巨大规模的埋藏古河道系统，如密西西比河、黄河、长江、珠江等河口。

目前，我国已经开展了海底淡水资源研究，河口海底淡水资源以其埋藏浅、储量大、易开采、水质好、毗邻严重缺水的海岛和经济发达的沿海地区、勘探开采成本低廉、不易造成环境污染等巨大优势，将成为沿海及海岛地区可持续发展的重要保障，将被越来越多的人重视。

2. 直接利用海水

海水直接利用主要是生产和生活两个方面，总的来看，工业冷却用水占海水总利用量的90%。我国沿海开发使用海水较早，海水可以直接作为印染、制药、制碱、橡胶及海产品加工等行业的生产用水。将海水直接用于印染行业，可以加快上染的速度。海水中一些带负电的离子可以使纤维表面产生排斥灰尘的作用，从而提高产品的质量。海水也可作为制碱工业中的工业原料。

3. 我国海水利用存在的问题

影响海水利用的因素很多，思想观念、成本、政策、布局、资金等制约着我国海水的开发利用。

（1）狭义的水资源观限制了海水资源的利用。长期以来，我们在解决水资源供需矛盾时常常将目光集中在淡水上，而对海水的利用则重视不足，没有将海水纳入水资源利用体系上。狭义的水资源观限制了海水的利用。

（2）淡化水价高，失去了竞争力。成本是影响海水利用的重要制约因素，目前沿海城市的水价都低于海水淡化的价格，海水淡化缺乏竞争能力。

（3）缺乏政策导向。政策导向对于产业来说具有重要影响。目前，我国尚无明确的鼓励政策，影响了海水产业的发展。国家应从解决沿海地区淡水危机及促进其经济发展的战略高度出发，在行政上和经济上制定有利于海水利用的方针和政策；鼓励有条件利用海水的地区和单位大力开发海水资源，同时，在沿海地区水资源规划中将海水利用作为一个重要的内容纳入其中。

（4）远离沿海的耗水布局产业。高水耗而又可以直接利用海水的钢铁、化工和电力等工业企业远离海岸是我国工业布局的一大特点。首钢、太钢及北京燕山石化等均建在水资源严重短缺而又远离海岸的内陆。有些沿海省份拥有很多高水耗但是远离海岸的大型企业。

（5）对海水利用技术的错误认识。海水作工业冷却水的关键技术问题是防腐、防海洋生物附着以及结垢。海水对碳素钢的腐蚀速度为0.7 ~ 1.0 mm/a；对一般钢材则高达3.0 mm/a。化工行业普遍使用的3.5 mm厚的碳钢立式列管冷却器，如果用淡水作冷却水使用期为25年，用海水作直流冷却水但不做防腐处理，冷却期1.5年即穿孔渗漏。海水作循环冷却水的主要技术问题是腐蚀与结垢，通过添加缓蚀剂和阻垢剂可以解决该问题。

（二）废水利用

污水经一级、二级处理和深度处理后供作回用的水，称为“再生水”。当一级处理或二级处理出水满足特定回用要求并已回用时，一级或二级处理出水也可称为“再生水”。以回用为目的的污水处理厂称为“再生水厂”，其处理技术与工艺可称为“再生处理技术”与“再生处理工艺”。再生水可供给工农业生产、城市生活、河道景观等作为低质用水。其中办公楼、宾馆、饭店和生活小区等集中排放的污水就地处理后回用于冲洗厕所、洗车、消防、绿地等生活杂用，称为“中水”。城市污水水量大，水质相对稳定，就近可得，易于收集，处理技术成熟，基建投资比远距离引水经济，处理成本比海水淡化低廉。因此，当今世界各国解决缺水问题时，城市污水首先被选为可靠的供水水源进行再生处理与回用。污水回用所提供的新水源可以通过“资源代替”，即用再生水替代可饮用水用于非饮用目标，节省宝贵的新鲜水，缓和工业和农业争水以及工业与城市用水的矛盾，实现“优质水优用，差质水差用”的原则，在很大程度上减轻或避免了远距离引水输水和购买价格昂贵的水源，有利于及时控制由于过量开采地下水引起的地面沉降和水质下降等环境地质问题，同时减少污水排放，保护水环境，促进生态的良性循环。

1.再生水用于农业灌溉

农业灌溉用水量很大，对水质要求相对也比较低，而污水经过二级生物处理后一般仍含有较多的氮、磷、钾等营养成分，用于灌溉可以给土壤提供肥料。不过人们是否接受再生水灌溉主要取决于它引起的环境和健康风险是否可以接受，还必须考虑再生水中存在或有可能存在的微生物致病菌在公共卫生方面可能造成的影响，以及污水对农作物生产、土壤结构及土壤中金属和其他有毒物质积累等农业方面的影响。

2.再生水用于工业

将城市污水回用于工业具有较长的历史，但是在当时并未制定任何再生水用于冷却水的具体水质标准，而是根据冷却塔的设计与位置具体确定，最重要的要求是塔上水蒸气不含病原菌。这样，当工人或附近公众偶然与之接触时，不致引起危害。一般用加氯控制生物垢，通常就能保证冷却塔上水蒸气的细菌指标。对处理程度要求不高的冷却水和工艺低质用水，可以直接利用经过物化处理的城市污水处理厂二级出水，但一般需要根据各自的水质要求，补充进行不同程度的处理，如加氯、过滤、石灰软化以及防止腐蚀或结垢的稳定处理。

3.再生水用于市政

再生水用于景观水体的主要障碍在于对有机污染和富营养化的控制，因此，通过深度处理，一方面要降低有机污染，另一方面要除去藻类赖以生存的氮、磷营养盐。在控制措施上，应该以增强水体的自净能力为主，提高水体的流动性。另外，再生水中也可能含有微生物致病菌，一般需要经过消毒处理后才能用于环境景观。

需要注意的是，污水回用于绿化必须考虑污水对植物品质的影响；再生水中氮、磷含量较高，是植物发育所必需的养分；而再生水中有毒有害物质的存在则会影响植物的发芽率，破坏根、茎、叶的生理功能，影响果实的品质，从而使植物后代发生不良的异化。另外也要考虑再生水对城市卫生环境的影响，例如，喷灌产生的气溶胶对人的呼吸系统的直接刺激；夏季绿化用水高峰期，也是土壤中水分蒸腾最为突出的时期，污水中有毒有害物质及致病菌都将对人体造成危害。有研究表明，再生水可通过气溶胶形式将其含有的粪便细菌顺风向携带到300多米远的地方，具体情况取决于风速、相对湿度、阳光和温度。

4. 再生水与地下水回灌

一些国家做过再生水与地下水回灌的研究。再生水用于地下水回灌属于间接回用方式，通过这种方法使再生水经过土壤、大气、植被进化过滤，一定的时间后进入地下水源中，这比直接将污水进行再生处理后用于饮用水供应更容易被人们接受。当然，利用再生水进行地下水回灌这种回用方式对处理程度的要求是很高的。

5. 杂用水的利用

杂用水主要是指厕所冲洗、园林和农田灌溉、道路保洁、洗车、城市喷泉、冷却设备补充用水等。杂用水利用，是指生活用水中用低质水就可满足各种用途（如厕所冲洗用水、冷却及冷气设备用水、洒水等），使用污水、工业废水的再生水和雨水以及水质较差的水，以达到节水的目的。根据杂用水利用规模，杂用水的利用方式可分为单独循环、地区循环和大区域循环等。

单独循环方式多指道路、办公大楼等单个建筑物场的雨水和污废水等处理后的再生水，用于该建筑物内的杂用水。回收水的用途主要是冲洗冷却和冷气设备用水、洒水用水。

地区循环方式是指在比较集中的小范围地区，如大规模的公共住宅及城镇扩建区的多座建筑物，在杂用水系列用途上，共同利用雨水和废水等回收处理后的再生水的方式。

大区域循环方式是指在一定地区内的多座建筑物，在杂用水各方面，大面积大规模地回收利用处理的雨水和废水的方式，一般由下水道末端的处理厂或工业用水道供水。单独循环方式已占七成左右，要适应今后市区整体建设及下水道的配备，杂用水利用将向地区循环、大区域循环方式发展。另外，从水和水循环的角度看，杂用水利用方式有如下三种：废水中，仅回收处理洗手的废水、空调用水和雨水等水质较好的水；对厕所冲洗等用水采用非循环利用方式；对包括冲洗厕所排出的所有污水进行多次回收的循环利用方式。前两种利用方式是复合利用方式。目前，多采用需少量经费就可进行水处理的非循环利用方式。

（三）微咸水利用

1. 防止土壤产生次生盐渍化

除确定适宜的灌溉时间、灌溉水量等措施控制土壤中的盐分积累外，应采用“抽咸换淡”技术防止土壤次生盐渍化，在枯水期、春旱季节抽取地下微咸水，汛期、汛后利用雨水、河水回补。“抽咸换淡”是改造浅层咸水、增加淡水拦蓄能力的有效方法，抽水使地下水位下降，抑制潜水蒸发，加强了田间水和降水的入渗能力，导致地下水下渗，减少地下水中的盐分向地表的运移和累积，使盐碱地得以改造。

2. 防止大规模抽水引起地面沉降

为了防止因大量抽取地下水而引起地面沉降，应将抽水井布置为较均匀的网状，可加大布井密度，同时实行轮换抽水。海水入侵的根本原因是区域水资源短缺和大量超采地下水，减少地下水开采量，对水资源进行合理调配，也是防止海水入侵的有效措施，即放弃咸淡水界面附近的抽水井，在远离界面的地方分散抽水，以防止集中开采而形成降落漏斗，扩大入侵范围。

微咸水资源化需要有相关的技术作为支撑和保障。要分析各地区水资源供需情况，对微咸水进行资源评价，综合分析微咸水利用的利弊得失，指导微咸水资源化。对微咸水利用进行动态监测，做好土壤含盐量和水质分析，为微咸水的综合开发利用和生态安全提供科学依据。微咸水资源评价，除对其总量进行评价外，更重要的是对可开发利用的微咸水资源潜力进行合理评价，估算出微咸水资源量，确定合理的开发量。同时也要重视对微咸水利用的综合效益评价。

（四）雨水利用

雨水利用就是直接对天然降水进行收集、储存并加以利用。雨水利用是解决天然淡水数量严重不足的有效途径，也是实现水资源综合效益的重要措施。雨水利用主要包括农业利用和城市利用两方面。

1. 农业雨水利用

雨水资源在农业方面的利用有着悠久的历史，尤其是近年来，世界各地掀起了雨水利用的高潮，并成立了国际雨水集流系统协会（IWRA），我国在农业雨水利用方面较早，利用雨水发展干旱半干旱地区农业，即通过雨水的汇集、存储和高效利用，促进当地农业生产。

2. 城市雨水利用

与缺水地区农村的雨水收集利用工程不同，现代城市雨水利用不是狭义的利用雨水资源和节约用水，它还包括减轻城区雨水洪涝和减缓地下水位的下降、控制雨水径流污染、改善城市生态环境等多重作用。

以前，城市水资源主要着眼于地表水资源和地下水资源的开发，不重视对城市汇集径流雨水的利用而任其排放，造成大量宝贵雨水资源的流失。随着城市的扩张，雨水流失量也越来越大。一方面是城市的严重缺水，地下水过量开采，地下水位逐年下降；另一方面大量地排放雨水又带来城市水涝、城市生态环境恶化等一系列严重的环境问题。

3. 我国城市雨水利用概况

雨水利用在我国虽然历史久远，但主要应用于缺水地区的农村。在农业雨水利用获得明显的经济效益和社会效益后，雨水利用的重点开始从农村转向城市。

现代意义上的城市雨水利用在我国发展较晚，它主要是随着城市化带来的水资源紧缺和环境与生态问题而引起人们重视的。大中城市的雨水利用基本还处于探索与研究阶段，但已显示出良好的发展势头。

第二节　水资源的质量管理

一、水资源质量管理的内容

（一）水环境规划

进入21世纪，国家把保护水环境工作提高到极其重要的位置，随着社会经济的发展，对水资源的需求不再仅仅停留在对用水数量的供给资源方面，而更加关注质量需求方面。水环境规划是水环境治理和恢复的基础，通过水环境规划对水环境有关的活动和行为作出具体安排，在水环境管理过程中具有极其重要的作用，是水环境活动的指南。

（二）水环境监测

环境监测是以环境为对象，运用物理、化学和生物的技术手段，对其中的污染物及其有关的组成成分进行定性、定量和系统的综合分析，以探索研究环境质量的变化规律。环境监测是环境保护的基础工作，其主要内容包括大气环境监测、水环境监测、土壤环境监测、固体废弃物监测、环境生物监测、环境放射性监测和环境噪声监测等。

水环境监测可以为水环境管理提供可靠的基础数据，并可以为治理措施的效果评价提供依据。根据监测的水环境实际数据，可以清楚地了解到水环境的现状；根据多年的水环境监测数据，可以清楚地掌握水环境的演变规律，并对未来进行预测，以便及早采取措施，将不利降低到最低程度。

按照监测方法的原理，水体监测常用的方法有：化学分析法，如称量法、滴定分析法；仪器分析法，如分光光度法、原子吸收分光光度法、气相色谱法、液相色谱法、离子色谱法、多机联用技术等。

（三）水环境模拟

水环境模拟是水环境质量管理的重要组成部分，实际上就是对水环境的变化、可能存在的各种情况进行模拟。

1. 物理模拟

通过模拟物理环境，探讨污染物在物理模拟环境中的迁移、转化、降解等变化情况，从而判断实际的水环境情况。

2. 数字模拟

数字模拟是近年来发展非常迅速的水环境模拟工具，通过计算机的模拟，可以判断水环境的各种情况，从而为多方案优化决策提供基础依据。

国家环境保护水环境模拟与污染控制重点实验室，以解决我国近期和中长期水环境保护关键技术问题为目标，针对不同地区河流、河网、湖泊、河口和海湾等水环境特性，通过数字模拟、物理模拟和化学及生物实验等手段，研究污染物在水环境中的迁移转化和降解机理，确定各类水体的自净能力和演变规律，为水污染物排放管制和水质保护提供科学依据，逐步成为我国高水平的水环境保护科研实验基地。

水环境物理模拟研究系统的主要研究方向为：河流与海洋紊动与扩散现象与机理研究；污染反应动力学及迁移转化规律研究；污染物在射流、羽流及分层流的运动规律研究；污水处理工程中的水动力学与污染反应动力学研究；水环境与环境工程物理模拟实验的相似性条件与理论研究。

（四）水环境评价

水环境评价就是对水环境给予各种评价，主要包括回顾性评价、现实性评价和预测性评价三种方式。

1. 水环境回顾性评价

水环境回顾性评价是根据历史资料对历史时期的水质状况进行评价，以揭示区域水质发展变化过程，探讨水环境演变的规律。回顾性评价是一种比较复杂的评价，不仅需要科学的评价方法，而且需要较系统全面的历史资料。

2. 水环境现实性评价

水环境现实性评价是根据水环境监测数据，依据国家制定的相应水环境标准进行评价。我国的水环境质量现实性评价是根据不同的目的和要求，按一定的原则和方法进行的，主要是针对江、河、湖等水体的污染程度，划分其污染等级，确定其污染类型及主要污染物。目的是能准确地指出水体的污染程度以及将来的发展趋势，为制定水环境保护的方针政策和具体措施提供可靠的科学依据。

水环境现实性评价是一种非常复杂的综合性工作，因为影响水质污染的物质很多，而且这些物质的浓度和影响都不相同。某一水环境的水质污染状况应从三个方面来评定。

（1）污染强度，即水中污染物的浓度和它们的影响效应。

（2）污染范围，即在水域中各种污染强度所影响的范围。

（3）污染历时，即在水域中各种污染强度所持续的时间。

因此，对某一水域的水质进行全面评价，应包括以上三个方面的内容才比较完善。然而，目前水环境质量评价的一些评价方法很难做到这一点，许多评价方法只能在水体污染程度方面作出一定程度的反映，实际上这是很不完全的水环境质量现实性评价。

3. 水环境预测性评价

水环境预测性评价是对水环境的未来进行预测，即根据产业结构、国民经济发展趋势、人口发展等多方面因素对水环境进行判定。水环境预测性评价是水环境规划的基础，也是水环境多方案制定的依据。

（五）污染源治理

污染源治理是水环境管理过程中最重要的环节，实际上就是根据污染源的调查和监测，准确判断污染的负荷大小，然后采取有效措施削减污染排放量，或者使排放的污染物达到国家的排放标准。

污染源治理是一项非常复杂的工作，涉及众多领域、部门和行业，如生产工艺、污水的性质和污水处理能力等。随着科学发展和社会进步，现代对污染源的治理提出了更高要求，今后在注重污染点源治理的同时，对于污染面源，特别是来自农业的污染源治理是今后防治的重点。

我国现行的环保投资体制是在计划经济体制下和在向市场经济过渡时期建立的。随着可持续发展战略的实施以及适应经济体制和经济增长方式两个根本转变的需要，现行的环保投资体制存在着一个如何与市场经济体制下国家投资体制改革相配套的问题。总的来说，我国环保投资体制的改革滞后于整个国民经济投资体制的改革。

应根据实际情况设立污染源治理专项基金，这是对污染源治理实行环境保护补助资金制度的一项重要改革。但是，从目前污染源治理的现状来看，这些环境投资体制改革和试点所涉及的范围有限，改革的力度也不够，远远不能适应国家可持续发展战略对环保投资体制改革的要求，必须加大改革的力度和步伐。

（六）水环境政策与法规的制定

水环境政策与法规的制定，是水环境管理走向正规化、法制化管理的基础和依据；水环境政策与法规的贯彻实施，是水环境管理非常重要的环节。

水环境方面的政策与法规，是保证水环境治理的强制性手段，根据水环境管理中的实际情况制定符合实际情况的法规，并且根据客观需要不断地进行修正，是水环境管理的客观要求。

水环境管理实践证明，通过制定相应的水环境政策与法规，可以引导人们的行为符合国家的有关规定，从而有利于水环境的保护。水环境的政策与法规出台后，更重要的是严格监督这些政策和法规的实施。

二、水资源质量管理原则

（一）整体统一性原则

水资源是水量与水质的统一，要对水量与水质进行统一管理。由于水具有流域性，必须将流域作为一个自然、经济、社会综合体进行考虑，才可能实现总体最优。此外，流域内不同区域之间、点源与非点源、水资源和水环境与其他资源和环境之间、现状与未来之间等，构成了相互联系、相互作用的有机体，只有实行统一规划、统一管理，才能实现水环境管理目标。

（二）区域综合性原则

水环境具有明显的区域特征，不同的流域或者同一流域不同的河段，由于自然、生态、社会和经济背景差异，水环境问题各具特色。因此，根据水环境的区域特征采取不同的治理措施和相应的水环境政策是非常必要的。由于影响水环境的因素是多样的，涉及自然、生态、社会、经济领域的许多方面，所以，采取单一的手段是难以实现水环境管理目标的，需要运用技术、法规、政治、行政、经济、政策、教育等多种手段进行综合管理。

（三）主导动态性原则

尽管影响水环境的因素是多样的，但对于一个具体的水环境而言，一般由几个因素起着主导作用，应针对主导因素，进行重点管理，抓住主要矛盾。由于社会和经济是不断发展变化的，水环境也处于动态变化之中，为适应水环境新形势，水环境管理的措施也需要不断地调整，以适应新的形势。

（四）公众参与原则

水环境是一个涉及面广、关系重大和复杂的问题，需要政府部门、各种团体、企事业单位、个人的广泛监督和参与。没有公众的参与，水环境管理单独靠哪一个部门都是不能成功的，公众参与具有多方面的作用，如维护公众自身利益、监督污染治理、参与水环境规划、使规划更加符合实际、舆论监督等。公众参与也是民众民主管理水环境的重要途径。

第九章　水资源保护

第一节　地表水资源保护与地下水资源保护

一、地表水资源保护

（一）水质标准

制定合理的水质标准，是水资源保护的基础工作。保护水资源的目标，并非使自然水体处于绝对纯净状态，而是使受污染的水体恢复到符合当地经济发展最有利的状态，这就需要针对不同用途制定相应的水质标准。

水环境质量标准是根据水环境长期和近期目标而提出的、在一定时期内要达到的水环境的指标，是对水体中的污染物或其他物质的最高容许浓度所做的规定。除了制定全国水环境质量标准外，各地区还要参照实际水体的特点、水污染现状、经济和治理水平，按水域主要用途，会同有关单位制定地区水环境质量标准。按水体类型可分为地表水质量标准、海水质量标准和地下水质量标准等；按水资源的用途可分为生活饮用水水质标准、渔业用水水质标准、农业用水水质标准、娱乐用水水质标准和各种工业用水水质标准等。由于各种标准制定的目的、适用范围和要求不同，同一污染物在不同标准中规定的标准值也是不同的。

（二）水质监测

水质监测的目的：①对江、河、水库、湖泊、海洋等地表水和地下水中的污染因子进行经常性的监测，以掌握水质现状及其变化趋势；②对生产、生活等废（污）水排放源排放的废（污）水进行监视性监测，掌握废（污）水排放量及其污染物浓度和排放总量，评价是否符合排放标准，为污染源管理提供依据；③对水环境污染事故进行应急监测，为分析判断事故原因、危害及制定对策提供依据；④为国家政府部门制定水环境保护标准、法规和规划提供有关数据和资料；⑤为开展水环境质量评价和预测预报及进行环境科学研究提供基础数据和技术手段。

1.水质监测项目

水质监测项目受人力、物力、财力的限制，不可能将所有的监测项目都加以测定，只能是对那些优先监测污染物（难以降解、危害大、毒性大、影响范围广、出现频率高和标准中要求控制）加以监测。

（1）地表水监测项目。水温、pH值、溶解氧、高锰酸盐指数、化学需氧量、五日生化需氧量、氨氮、总氮（湖、库）、总磷、铜、锌、硒、砷、汞、镉、铅、铬（六价）、氟化物、氰化物、硫化物、挥发酚、石油类、阴离子表面活性剂、粪大肠菌群。

（2）生活饮用水监测项目。肉眼可见物、色、嗅和味、浑浊度、pH值、总硬度、铝、铁、锰、铜、锌、挥发酚类、阴离子合成洗涤剂、硫酸盐、氯化物、溶解性总固体、耗氧量、砷、镉、铬（六价）、氰化物、氟化物、铅、汞、硒、硝酸盐、氯仿、四氯化碳、细菌总数、总大肠菌群、粪大肠菌群、游离余氯、总α放射性、总β放射性。

（3）废（污）水监测项目。第一类是在车间或车间处理设施排放口采样测定的污染物，包括总汞、烷基汞、总镉、总铬、六价铬、总砷、总铅、总镍、总铍、总银、总α放射性、总β放射性；第二类是在排污单位排放口采样测定的污染物，包括pH值、色度、悬浮物、生化需氧量、化学需氧量、石油类、动植物油、挥发性酚、总氰化物、硫化物、氨氮、氟化物、磷酸盐、甲醛、苯胺类、硝基苯类、阴离子表面活性剂、总铜、总锌、总锰。

2.水质监测站网规划

水质监测站网是开展水质监测工作的基础。水质监测站网的布设多采用划区设站法，即首先根据水质状况划分若干个自然区域，其次按人类活动影响程度划分次级区，最后按影响类别进一步划出类型区。每个区域设站的数目要根据该区域面积大小、水资源的实际价值，以及设站难易程度来确定。各类型区设站的具体数目要考虑区域的特殊性、重要性、地区大小、污染特征、污染影响等因素。

国家水质监测站可分为四类。

（1）本底站（基准站）。设在自然状态区域内或水源受人为污染影响微小的地方，最好设在水资源将有可能被利用而尚未污染的水域，以便监测到自然状态的水质资料。

（2）受污站（影响站）。设在水资源已被利用、水质受到人类活动影响的地方，以便提供污染状态下的水质资料。此类站一般分为基本站和辅助站两种。基本站是为长期掌握水质变化动态、收集积累水质基本资料而设置的测站。辅助站则是为配合基本站，进一步掌握水质状况而设的测站。

（3）国际站。设在具有国际性或全球意义的重大河流或湖泊上，一般安排在政治或地理分界线附近，有的则根据国际性水环境研究需要按大区布设，或作为国际性学术研究站网的组成部分。这种站可能是本底站，也可能是受污站。

（4）实验站。为专门研究农业、矿山，城市降雨产流、产污和污水出流规律，或在受污河段深入研究水体自净、水环境容量等课题而设的测站，一般设在有代表性的区域或河段上。

3．水质监测断面布设

对于流经城镇和工业区的一般河流（污染区对水体水质影响较大的河流），监测断面可分对照断面、基本断面和削减断面三种布设。

（1）对照断面。布设在河流进入城镇或工业排污口前，不受本污染区影响的地方。

（2）基本断面（又称“控制断面”）。布设在能反映该河段水质污染状况的地方，一般设在排污口下游500～1 000m处。

（3）削减断面。布设在基本断面下游、污染物得到稀释的地方，一般设在至少离排污口下游1 500m处。

湖（库）采样断面应按水域部位分别布设在主要出入口，以及湖（库）的进水区、出水区、浅水区、中心区。或者根据水的用途在饮用取水区、娱乐区、鱼类产卵区等布设断面。

4．采样位置、采样时间和采样频次

（1）采样位置。对于江、河水系的每个监测断面，当水面宽小于50 m时，只设1条中泓垂线；水面宽50～100 m时，在左右近岸有明显水流处各设1条垂线；水面宽为100～1 000 m时，设左、中、右3条垂线（中泓、左、右近岸有明显水流处）；水面宽大于1 500 m时，至少要设置5条等距离采样垂线；较宽的河口应酌情增加垂线数。

在一条垂线上，当水深小于或等于5 m时，只在水面下0.3 ~ 0.5 m处设1个采样点；水深5 ~ 10 m时，在水面下0.3 ~ 0.5 m处和河底以上约0.5 m处各设1个采样点；水深10 ~ 50 m时，设3个采样点，即水面下0.3 ~ 0.5 m处1点，河底以上约0.5 m处1点，1/2水深处1点；水深超过50 m时，应酌情增加采样点数。

对于湖、库监测断面上采样点位置和数目的确定方法与河流相同，这里不再赘述。

（2）采样时间和采样频次。除特殊要求外，采样频次及采样时间规定如下。

河流基本站至少每月取样1次，最高、最低水位期间，应适当增加测次。辅助站则根据水质污染程度和丰、平、枯水期的水质特征，每年采样6 ~ 12次。专用实验站的采样次数由监测目的和要求确定。

湖泊（水库）一般每两个月采样一次。大于100 km^2的湖泊（水库），每年采样3次，布置在丰、平、枯水期。对污染严重的湖（库），按不同时期每年采样8 ~ 12次。

（三）水质评价

为表示某一水体水质污染情况，常利用水质监测结果对各种水体质量进行科学的评定。水质评价的目的是准确地反映水质污染状况，找出主要污染物的影响，为水资源保护、水污染防治和水质管理提供依据。

（四）地表水资源保护途径

1.减少工业废水排放

（1）改革生产工艺。通过改革生产工艺，尽量减少生产用水；尽量不用或少用易产生污染的原料、设备及生产工艺，如发展海水型工业，将大量的冷却、冲洗用水以海水代替；发展气冷型工业，把水冷变成风冷；采用无水印染工艺，可消除印染废水的排放；采用无氰电镀工艺，可以使废水中不再含氰化物；用易于降解的软型合成洗涤剂代替难以降解的硬型合成洗涤剂，可大大减轻或消除洗涤剂的污染。

（2）重复利用废水。采用重复用水及循环用水系统，以使废水排放量减至最少。根据不同生产工艺对水质的不同要求，可将甲工段排的废水送往乙工段使用，实现一水两用或一水多用，即为重复用水。如利用轻度污染废水作为锅炉的水力排渣用水或作为炼焦炉的洗焦用水。

将生产废水经适当处理后，送回本工段再次利用，称为“循环用水”。如高炉煤气洗涤废水经沉淀、冷却后可再次用来洗涤高炉煤气，并可不断循环，只需补充少量的水补偿循环中的损失。循环用水的最终目标是达到零排放。

（3）回收有用成分。尽量使流失至废水中的原料和成品与水分离，就地回收，这样做既可减少生产成本，增加经济效益，又可大大降低废水浓度，减轻污水处理负担。如造纸废水碱度大、有机物浓度高，是一种重要的污染源。如能从中回收碱和其他有用物质，即可变污染源为生产源。含酚浓度为1500～2000 mg/L的废水，经萃取回收后，可使含酚浓度降至100 mg/L左右，即可从每立方米废水中回收2 kg酚。

2．妥善处理城市及工业废水

采取上述措施后，仍将有一定数量的工业废水和城市污水排出。为了确保水体不受污染，必须在废水排入水体之前，对其进行妥善处理，使其实现无害化，不致影响水体的卫生性及经济价值。

废水中的污染物质是多种多样的，不能预期只用一种方法就能够把所有污染物质都去除干净。不论对何种废水，都需要通过几种方法组成的处理系统，才能达到处理的要求。按照不同的处理程度，废水处理系统可分一级处理、二级处理和深度处理等不同阶段。一级处理只去除废水中呈悬浮状态的污染物。废水经一级处理后，一般仍达不到排放要求，尚须进行二级处理，因此对于二级处理来说，一级处理是预处理。二级处理的主要任务是大幅度地去除废水中呈胶体和溶解状态的有机污染物。通过二级处理，一般废水能达到排放标准。但在处理后的废水中，还残存有微生物及不能降解的有机物和氮、磷等无机盐类。一般情况下，它们数量不多，对水体无大危害。深度处理是进一步去除废水中的悬浮物质、无机盐类及其他污染物质，以便达到工业用水或城市用水所要求的水质标准。

3．对城市污水的再利用

随着工业及城市用水量的不断增长，世界各国普遍感到水资源日益紧张，因此开始把处理过的城市污水开辟为新水源，以满足工业、农业、渔业和城市建设等各个方面的需要。实践表明，城市污水的再利用优点很多，它既能节约大量新鲜水，缓和工业与农业争水以及工业与城市生活争水的矛盾，又可大大减轻纳污水体受污染的程度。

（1）城市污水回用于工业。城市污水一般可回用于冷却水、锅炉供水、生产工艺供水以及其他用水，如油井注水、矿石加工用水、洗涤水及消防用水等。其中尤以冷却水最为普遍。利用城市污水做冷却水时，应保证在冷却水系统中不产生腐蚀、结垢，以及对冷却塔的木材不产生水解侵蚀作用。此外，还应防止产生过多的泡沫。

（2）城市污水回用于农业。随着城市污水的大量增加，利用污水灌溉农田的面积也在急剧扩大。尽管污灌水都是经二级处理后的城市污水，但是还是含有这样或那样的有害物质，若使用不当、盲目乱灌，也会对环境造成污染危害，甚至导致作物明显减产或土壤污毒化、盐碱化，所以应根据土壤性质、作物特点及污水性质，采用妥善的灌溉制度和方法，并制定严格的污水灌溉标准。

（3）城市污水回用于城市建设。城市污水回用于城市建设，主要用作娱乐用水或风景区用水。在把处理过的城市污水用于与人体接触的娱乐及体育方面的用途时，必须符合相关标准，对水质的要求必须洁净美观，不含有刺激皮肤及咽喉的有害物质，不含有病原菌。

二、地下水资源保护

地下水具有水质好、水量稳定、分布广、供水延续时间长以及可恢复性等特点，目前已广泛应用于工农业生产和城市供水。人类经济社会活动对地下水资源的量与质产生着日益深刻而剧烈的影响，随之出现诸如水质污染、地下水位大面积下降、地面沉降等一系列环境问题。

（一）地下水污染特征

1. 地下水污染过程缓慢，不易被觉察

由于地下水存蓄于岩石、土壤空隙中，流速缓慢，污染物在地下水的弥散作用很慢，一般从开始污染到监测出污染征兆要经过相当长时间。同时，污染物通过含水层时有部分被吸附和降解，从观测井（孔）取得的水样都是一定程度净化了的水样。这些都给地下水质的监测、预报、控制带来很大困难。

2. 地下水污染程度与含水层特性密切相关

地下水埋藏于地下，其储存、运动、补给、开采等过程都与含水层特性有密切关系，这些又直接影响到地下水污染状况的变化。地下含水层特性主要指它的水理性质，即容水性、给水性和透水性，而其中最主要的是透水性。含水层按透水性能可分为强透水含水层、弱透水含水层；按空间变化可分为均质含水层与非均质含水层；按透水性和水流方向的关系又可分为各向同性含水层与各向异性含水层。如污染源处于地下水流上游方向，且含水层透水性向下游方向越来越强，则污染物随补给进入地下后，可能向下游方向移动相当远的距离；如污染源处于地下水汇流盆地中心处，且含水层透水性很弱，则污染物不易向四周扩散，污染程度会日益增强。

3.确定地下水污染源难，治理更难

由于地区间水文地质结构千差万别，岩石透水性的强弱不仅取决于空隙大小、空隙多少和形态，而且与裂隙、岩溶发育情况直接有关。可以说污染物从污染源排出后进入地下水的通道是错综复杂的。附近的污染源可能由于坐落在不透水岩层上，而使所排的污染物难以进入地下水体；相反，较远处的污染源排出的污染物，可能通过岩层裂隙或地下溶洞很容易污染地下水域。这就给确定污染源带来较大困难，而且水量更替周期长，加之即使切断污染物补给源，吸附于含水层中的污染物在一定时期内仍能污染流经其中的地下水。因此，可以说地下水一旦污染，很难治理。

（二）地下水污染物及其来源

1.地下水污染物

一般情况下，地下水的污染物质分为以下几类：①构成地下水化学类型和反映地下水性质的常规化学组成的一般理化指标为K^+、Na^+、Ca^{2+}、Mg^{2+}、SO_4^{2-}、Cl^-、HCO_3^-、CO_3^{2-}、NH_4^+、NO_2^-、NO_3^-、pH值、矿化度、总硬度等；②常见的金属和非金属物质为Hg、Cr、As、Cd、F、CN等；③有机有害物质为酚、石油、有机磷、有机氯等；④生物污染物为细菌、病毒、寄生虫卵等。

2.地下水污染来源

地下水的污染源和污染途径主要有以下几方面。

（1）工业生产中的废物。工业生产中往往有不少“三废”（废水、废渣、废气）排入环境，其中，工业废水可能直接或间接进入地下水；向大气排放的污染物可能由于重力沉降、雨水淋洗等作用而降落到地表面，然后有可能被水挟带而渗入地下水；周围固体废弃物中的有害物质，则可通过淋滤作用而进入地下水。

（2）现代农业的废物。现代农业的废物主要是由于污水灌溉、农药及化肥的使用造成地面污染，通过大气降水的淋滤作用而进入地下水。有害物质可以通过施肥（化肥、厩肥、生活垃圾、工业废液、水处理厂污泥等）、喷药（杀虫剂、杀菌剂、除草剂等）、污水灌溉回归等形式渗滤地下，污染地下水。

（3）矿山开采中的废物。采矿所产生的地下水污染物主要是有色金属、放射性矿物和酸性矿水等。如采煤时会引起共生矿物黄铁矿氧化而产生硫酸污染地下水。油田开采中漏油或勘探中使用的某些化学药品，都可能进入淡水含水层而污染地下水。

（4）自然灾害。许多自然灾害可能直接或间接造成地下水污染。例如，火山爆发将喷发出大量的熔岩流、火山灰和有害气体，它们均可能直接或间接污染地下水；地震可能造成局部构造的破坏，从而增强地面污水向地下水的入渗；洪水泛滥将会增大向地下水的入渗量，同时将会较多地挟带污染物进入地下。

（三）地下水质量评价

国民经济的用途不同，对地下水质提出的要求也不尽相同，通过对地下水质进行评价，可以确定其满足某项要求的程度，为地下水资源的合理开发利用提供科学依据。

（四）地下水污染的控制与治理

1. 加强“三废”治理，减少污染负荷

地下水中的污染物主要来源于工业“三废”、城市污水和农业的污染（污水灌溉，农药、化肥的下渗）。因此，地下水污染的控制首先要抓污染源的治理。

（1）必须搞好污染源调查。在城市及工业企业地区，主要查明有多少工厂，生产什么产品和副产品，生产过程使用什么化学药品，“三废”物质的成分、浓度、排放量，以及各工厂的“三废”处理措施及效果等。在农村，主要查明农药、化肥的用量及品种，耕地土质情况，灌溉水源的水质及渠道位置、集中积肥堆肥位置等。在矿区，应调查矿区范围、矿产品种及所含物质，矿渣堆放场及运输情况等。

（2）加强污染源治理。使污染物在排放前进行无害化处理，杜绝超标排放。在工矿企业中通过改革生产工艺，逐步实现无污染、少污染工艺或实行闭路循环系统，以最大限度地减少排污负荷。对于超标排污的单位，要限期治理。在限期内不能治理的，应通过行政和法律手段，令其关、停、并、转。

（3）要防止新污染源的产生。对新建和扩建的建设项目，必须经过论证，有关部门审批，严格执行“三同时”（建设项目中防治污染的设施必须与主体工程同时设计、同时施工、同时投产使用）原则和环境影响报告书制度。

2. 建立地下水监测系统

为掌握地下水动态变化和查明污染程度、范围、成分、来源、危害情况与发展趋势，应在水源地及水源地周围可能影响地区建立专门观测井孔，形成监测网，进行长期监测。同时，还应经常观察周围污水排放、污水灌溉、传染病发病等情况。目的是随时了解地下水质变化情况，以便及时采取必要的防污治污措施。

3. 加强对地下水资源开发的管理

当前，不少地区出现严重的水资源紧缺状况，地下水资源盲目开采、任意污染的现象相当普遍。为了充分有效地开发利用地下水资源，避免水质污染，并尽量预见未来发展和对策，必须加强对地下水资源的管理。

（1）建立权威性水资源管理机构，实现水资源统一管理。过去，城建、水利、地质、环保等部门“多龙治水”，给地下水管理工作带来很大困难，必须理顺各部门间的关系，建立一个真正有权威的水资源管理机构，加强水资源保护的监督和协调作用。

（2）制定切实可行的地下水开发利用规划和水资源保护规划，对地下水的开发利用、防护与治理，实行科学管理、统筹安排、宏观调控，以达到既充分利用水资源，发挥其最大经济效益，又避免发生不良性后果的目的。

（3）增强法治观念，依法治水。目前，国家已颁布《中华人民共和国环境保护法》《中华人民共和国水法》《中华人民共和国水污染防治法》《中华人民共和国海洋环境保护法》等有关法律，各地区也制定了一些法令、规定、实施细则等法律文件，给依法治水创造了良好条件。地下水资源的开发要做到有法必依，执法必严，违法必究。

第二节 水环境保护新技术

一、水环境修复

（一）环境修复的概念与分类

1. 环境修复的概念

修复本来是工程上的一个概念，是指借助外界作用力使某个受损的特定对象部分或全部恢复到初始状态的过程。严格说来，修复包括恢复、重建、改建等三个方面的活动。恢复是指使部分受损的对象向原初状态发生改变；重建是指使完全丧失功能的对象恢复至原初水平；改建则是指使部分受损的对象进行改善，增加人类所期望的“人造”特点，减少人类不希望的自然特点。

环境修复是指对被污染的环境采取物理、化学、生物和生态技术与工程措施，使存在于环境中的污染物质浓度减少、毒性降低或完全无害化，使得环境能够部分或完全恢复到原初状态。环境修复可以从三个方面来理解。

一是界定污染环境与健康环境。环境污染实质上是任何物质或者能量因子的过分集中，超过了环境的承载能力，从而对环境表现出有害的现象。故污染环境可定义为任何物质过度聚集而产生的质量下降、功能衰退的环境。与污染环境相对的就是健康环境。最健康的环境就是有原始背景值的环境。但当今地球上似乎再也难以找到一块未受人类活动影响的“净土”。即使人类足迹罕至的南极、珠穆朗玛峰，也可监测到农药的存在。因此，健康环境只是相对的，特指存在于其中的各种物质或能力都低于有关环境质量标准。

二是界定环境修复和环境净化。环境有一定的自净能力。当有污染物进入环境时，并不一定会引起污染。只有当这些物质或能量因子超过了环境的承载能力才会导致污染。环境中有各种各样的净化机制，如稀释、扩散、沉降、挥发等物理机制，氧化还原、中和、分解、离子交换等化学机制，有机生命体的代谢等生物机制。这些机制共同作用于环境致使污染物的数量或性质向有利于环境安全或健康的方向发生改变。环境修复与环境净化之间既有共同的一面，也有不同的一面。它们两者的目的都是使进入环境中的污染因子的总量减少或强度降低或毒性下降。但环境净化强调的是环境中内源因子作用的过程，是一个自然的、被动的过程。而环境修复则强调人类有意识的外源活动对污染物质或能量的清除过程，是人为的、主动的过程。

三是界定环境修复与“三废”治理。传统“三废”治理强调的是点源治理，需要建造成套的处理设施，在最短的时间内以最高效的速度使污染物无害化、减量化、资源化和能源的回收利用。而环境修复是近几十年才发展起来的环境工程技术，它强调的是面源治理，即对人类活动的环境（面源）进行治理。环境修复和“三废”治理都是控制环境污染，只不过“三废”治理属于环境污染的产中控制，环境修复属于产后控制，而污染预防则属于产前控制。它们三者共同构成污染控制的全过程体系，是可持续发展在环境中的重要体现。

2.环境修复的类型

环境修复可以从以下几方面来分类。

依照环境修复的对象分，可分为土壤环境修复、水体环境修复、大气环境修复和固体废弃物环境修复等。其中水体环境包括湖泊水库、河流和地下水。

依照污染物所处的治理位置分，可分为原位修复和异位修复。其中，原位修复指在污染的原地点采用一定的技术措施修复；异位修复指移动污染物到污染控制体系内或邻近地点采用工程措施进行。异位生物修复具有修复效果好但成本高昂的特点，适合于小范围内、高污染负荷的环境对象。而原位修复具有成本低廉但修复效果差的特点，适合于大面积、低污染负荷的环境对象。将原位生物修复和异位修复相结合，便产生了联合生物修复；它能扬长避短，是当今环境修复中应用较普遍的修复措施。

依照环境修复的方法与技术手段可分为物理修复、化学修复、生物修复和生态修复。随着科学技术的发展，环境修复的理论研究不断深入，工程技术手段也不断更新，形成了目前物理、化学、生物、工程多种方法共存的局面，并有由物理化学方法向生物方法发展的趋势。

（二）水环境修复的目标、原则和内容

1.水环境修复的目标和原则

水环境修复技术是利用物理的、化学的、生物的和生态的方法减少水环境中有毒有害物质的浓度或使其完全无害化，使污染了的水环境能部分或完全恢复到原始状态的过程。

在水污染严重、水资源短缺的今天，水作为环境因子，逐渐成为威胁和制约社会经济可持续发展的关键性因素。因此，水体修复的目标是在保证水环境结构健康的前提下，满足人类可持续发展对水体功能的要求，用水包括饮用水、生态

环境用水、工业用水、农业用水等。

具体的目标包括：①水质良好，达到相应用水质量标准的要求，是人类和生物所必需的；②水生态系统的结构和功能的修复，也包括生态系统组分的所有生物因素；③自然水文过程的改善、水域形态特征的改变等。

水环境修复所遵循的原则不同于传统的环境工程学。在传统环境工程领域，处理对象能够从环境中分离出来，例如废水或者废弃物，需要建造成套的处理设施，在最短的时间内，以最快的速度和最低的成本，将污染物净化去除。而在水环境修复领域，所修复的水体对象是环境的一部分，不可能建造出能将整个修复对象包容进去的处理系统。如果采用传统治理净化技术，即使对于局部小系统的修复，其运行费用也将是天文数字。在水环境修复的过程中，需要保护周围的环境。水环境修复的专业面更广，包括环境工程、土木工程、生态工程、化学、生物学、物理学、地理信息和分析监测等，需要将环境因素融入技术中。

水环境修复的基本原则如下。

第一，遵循自然规律原则。要立足于保护生态系统的动态平衡和良性循环，坚持人与自然的和谐相处；要针对造成水生态系统退化和破坏的关键因子，提出顺应自然规律的保护与修复措施，充分发挥自然生态系统的自我修复能力。

第二，最小风险的最大效益原则。在对受损水生态系统进行系统分析、论证的基础上，提出经济可行的保护与修复措施，将风险降到最低程度。同时，还应尽力做到在最小风险、最小投资的情况下获得最大效益，包括经济效益、社会效益和环境效益。

第三，保护水生态系统的完整性和多样性原则。不仅要保护水生态系统的水量和水质，还要重视对水土资源的合理开发利用、工程与生态措施的综合运用。

第四，因地制宜的原则。水生态系统具有独特性和多样性，保护措施应具有针对性，不能完全照搬其他地方成功的经验。

2.水环境修复的基本内容

水环境修复的基本内容包括现场调查和设计。

水环境现场调查包括：对修复现场进行科学调查，确定水环境污染现状，包括污染区域位置、大小，污染区域特征、形成历史，污染变化趋势和程度等。除了上述之外，还需调查外部污染源范围和类型、内在污染源变化规律、积泥土壤环境形态和性质、水动力学特征等。

水环境修复设计原则如下：①制定合理的修复目标以及遵循有关法律法规；②明确设计概念思路，比较各种方案；③现场调研；④考虑操作、维修、公众的反应、健康和安全问题；⑤估算投资、成本和时间等限制，结构施工容易程度，以及编制取样检测操作维修手册等。

水环境修复主要设计程序如下：①项目设计计划，综述已有的数据和结论，确定设计目标，确定设计参数指标，完成初步设计，收集现场信息，现场勘察，列出初步工艺和设备名单，完成平面布置草图，估算项目造价和运行成本；②项目详细设计，重新审查初步设计，完善设计概念和思路，确定项目工艺控制过程，详细设计计算、绘图和编写技术说明相关设计文件，完成详细设计评审；③施工建造接收和评审投标者并筛选最后中标者，提供施工管理服务，进行现场检查；④系统操作，编制项目操作和维修手册，设备启动和试运转；⑤验收和编制长期监测计划。

（三）水环境污染控制与修复的方法

1.化学修复

化学修复是根据水体中主要污染物的化学特征，采用化学方法进行修复，改变污染物的形态（如化学价态、存在形态等），降低污染物的危害程度。化学修复见效快，成本高，有效期短，需反复投加，易产生二次污染，且不能从根本上解决问题。通常适用于突发性水污染或小范围严重水污染的修复。

（1）投絮凝剂。借助絮凝剂如铁盐、铝盐等的吸附或絮凝作用与水体中无机磷酸盐共沉淀的特性，降低水体富营养化的限制因子磷的浓度，控制水体的富营养化。在荷兰的Braakman水库和Grote Rug水库，运用该方法使水体总磷和藻类生产量大幅度降低。同时，铝盐能够形成氢氧化铝沉淀，在沉积物表层形成“薄层”，阻止沉积磷的释放。

（2）投除藻剂。常用的除藻剂主要有硫酸铜、高锰酸盐、硫酸铝、高铁酸盐复合药剂、液氯、ClO_2、O_3和H_2O_2等。其中，由于蓝藻对硫酸铜特别敏感。因此，含铜类药剂是研究和应用较早和较多的杀藻药品。但是由于化学杀藻剂仅能在短时间内对水体中藻类有控制作用，需要反复投加除藻剂，成本增加，且只治标不治本。同时，死亡的藻体仍留存在水体中，不断释放藻毒素，其分解消耗大量氧气。此外，杀藻剂本身往往对鱼类及其他水生生物产生毒副作用，造成二次污染。因此，投加杀藻剂需要科学评估其风险，除非应急和健康安全许可，一般不宜采用。

（3）投除草剂。除草剂是控制水草疯长的有效途径。目前，大部分除草剂在推荐的使用浓度下都有良好的除草效果，而对其他鱼类、无脊椎动物和鸟类毒性低微，在食物网中也无残留作用。有时只在水草堵塞的水体使用除草剂。但除草剂也有潜在的水质问题，如杀死的水草腐败耗氧、释放营养物质等。如果选择颗粒状除草剂，在水草长出之前就撒入水中，可避免发生这种现象。有的除草剂或其降解产物对鱼类或鱼类饵料生物有毒，如敌草快等。

2.物理修复

水体功能受损的主要特征是水体富营养化，即水环境中氮磷等营养物质浓度高，可能导致水体藻类疯长、溶解氧下降、浊度增加、透明度下降、水质劣化、变黑变臭等，进而导致水生态系统崩溃。目前，国内外在水环境修复中所采用的主要物理措施有稀释/冲刷、曝气、机械/人工除藻、底泥疏浚等。物理修复方法效果明显，见效也快，不会给水体带来二次污染，但是没有改变污染物的形态，未能从根本上解决水环境污染问题。因此，物理修复通常和其他修复方法联合应用，相互弥补缺点，以达到最好的处理效果。

（1）稀释/冲刷。稀释和冲刷是采用向污染的河道或湖泊水体注入未受污染的清洁水体，以达到降低水体中营养盐浓度、将藻类冲出水体的目的，是经常搭配使用的常用技术之一。稀释包括了污染物浓度的降低和生物量的冲出，而冲刷仅仅指生物量的冲出。对于稀释来说，稀释水的浓度必须低于原水，且浓度越低，效果越好。对于冲刷来说，冲刷速率必须足够大，使得藻类的流失速率大于其生长繁殖速率。这种技术可以有效降低污染物的浓度和负荷，减少水体中藻类的浓度，加快污染水体流动，缩短换水周期，提升水体自净功能，提高水环境承载力。此外，水体稀释与冲刷还能够影响到污染物质向底泥沉积的速率。在高速稀释或冲刷过程中，污染物质向底泥沉积的比例会减小。但是，如果稀释速率选择不当，水中污染物浓度可能不降反升。

（2）曝气。污染水体在接纳大量需氧有机污染物后，有机物降解将造成水体溶解氧浓度急剧降低。同时，由于藻类的疯长，消耗大量的氧气导致水体表层以下呈厌氧状态。溶解氧浓度低甚至厌氧状态导致溶解盐释放，硫化氢、硫醇等恶臭气体产生，使水体变黑变臭。通过曝气设备将空气中的氧强制向水体中转移。曝气法增加本区域和下游水体中的溶解氧含量，避免水生物的缺氧死亡，改善水生生物的生存环境，提高水环境的自净能力，有效限制底层水体中磷的活化和向上扩散，从而限制浮游藻类的生产力。目前，经常采用橡胶坝、太阳能曝气泵等实现富氧的目的。

（3）机械/人工除藻。利用机械/人工方法收获水体中的藻类，可有效减轻局部水华灾害，增加营养物的输出量，减轻藻体死亡分解引起的藻毒素污染及耗氧，起到标本兼治的作用。

人工打捞藻类是控制蓝藻总量最直接的方式。目前，在太湖、巢湖、滇池仍有采用人工打捞的方式除藻，由于人工打捞收集手段落后，时间有限，效率低、费用高。机械除藻一般应用在蓝藻富集区（借助风向、风力等将蓝藻围栏集中在某一区域），采用固定式除藻设施和除藻船对区域内湖水进行循环处理，有效清除浮藻层，为化学或生物除藻等措施的实施创造条件。

除此之外，可采用投加絮凝剂和机械除藻相结合的方式，如投加蓝藻专用复合絮凝剂，利用絮凝反应器使藻浆与絮凝剂充分混合并形成絮体；在重力浓缩段，利用蓝藻絮体自身重力脱去游离水；在压滤段，利用竖毛纤维的附着性及机械力的挤压使蓝藻絮体中的水分充分脱去，最终形成块状藻饼。

（4）底泥疏浚。底泥是水体中氮磷类营养物质重要的聚集地。当水体中氮磷类营养物质浓度降低、水温升高或pH值变化时，底泥中的氮磷类营养盐大量释放到水体中，造成水体的二次污染。底泥中磷的释放对水体中磷浓度补充是不可忽略的来源。底泥疏浚能够去除底泥中所含的污染物，清除水体内源污染，从而改善水质、提高水体环境容量、促进水生生态环境的恢复，有利于水资源的开发、美化和创造旅游开发环境，产生较大的环境效益、社会效益和经济效益。

环境疏浚与工程疏浚不同。前者旨在清除水体中的污染底泥，并为水生生态系统的恢复创造条件，同时还需要与湖泊综合整治方案相协调。而后者则主要为某种工程的需要（如流通航道、增容等）而进行的。

底泥疏浚分为干式疏浚和带水疏浚。前者以在小型河流中应用为主，在实际中应用有限；后者因疏浚精度高、减少对水体干扰、减少二次污染等优点而得到广泛采用。目前，最先进的环保式底泥疏浚设备是绞吸式挖泥船，其管道在泥泵的作用下吸起表层沉积物并远距离输送到陆地上的堆场。但底泥疏浚值得注意的有以下两点：其一为底泥深层疏浚，疏浚量在60%～80%为宜，将挖泥行动对底泥表层的干扰（这是由于底泥表层是底栖生物的聚集区）降至最低；其二是疏浚过程中保证水体清澈透明，要定期进行监测。目前，在滇池、杭州西湖、太湖、巢湖、长春南湖等湖泊的清淤挖泥，曾收到暂时的效果，但未能从根本上解决富营养化问题。这说明底泥疏浚往往效果不理想，如能配合其他治理措施（如生物治理），方能达到事半功倍的效果。

3.生物修复

生物修复是利用培育的植物或培养、接种的微生物的生命活动，对水中污染物进行转移、转化及降解，从而使水体得到净化的技术。生物修复强调人类有意识地利用动物、植物和微生物的生命代谢活动使水环境得到净化。而与生物修复概念相近的生物净化强调的是自然环境系统利用本身固有的生物体进行的环境无害化过程，是一种自发的过程。与现代物理、化学修复方法相比，生物修复具有污染物可在原地降解、就地处理操作简便、经济适用、对环境影响小、不产生二次污染等优点而成为水环境修复中最活跃的修复方式之一。

针对水污染环境的生物修复常用的方法包括微生物修复、植物修复和动物修复等。在采用生物修复过程中，需要注意以下几点：①优先选择土著生物，避免外来种入侵的风险；②选择经济、美观、生物量大、快速生长、耐性强的生物；③需要管理，包括收获及处理等。

（1）微生物修复。利用多种土著微生物或工程菌菌群混合后制成微生物水剂、粉剂、固体剂。向水体中投加微生物制剂，微生物与水中的藻类竞争营养物质，从而使藻类缺乏营养而死亡。微生物修复工程中以应用土著微生物为主，因为其具有巨大的生物降解潜力，不涉及外来种入侵问题，但接种的微生物在污染水体中难以持续保持高活性。而工程菌针对污染物处理效果好，但受到诸多政策限制，出于安全的考虑，应用要慎重。目前，克服工程菌安全问题的方法是让工程菌携带一段“自杀基因”，使其在非指定环境中不易生存。生物制剂的选择要考察气候条件、具体的水文水质条件等因素的影响，且需定期投放。

①CBS菌剂：CBS是Central Biological System（集中式生物系统）的简称，是美国CBS公司开发研制，目前已广泛应用到水环境治理中。CBS是由几十种具备各种功能的微生物组成的良性循环的微生物生态系统，主要包括光合菌、乳酸菌、放线菌、酵母菌等构成功能强大的“菌团”。CBS的作用原理是利用其含有

的微生物唤醒或者激活河道中、污水中原本存在的可以自净但被抑制而不能发挥其功效的微生物。通过它们的迅速增殖，强有力地钳制有害微生物的生长和活动。同时，CBS系统利用向水体河道喷洒生物菌团使淤泥脱水，实现泥水分离，然后再消灭有机污染物，达到硝化底泥、净化水资源的目的。

②EM菌剂：EM为高效复合微生物菌群的简称，是由5科10属80多种有益微生物经特殊方法培养而成的多功能微生物菌群。EM菌群在其生长过程中能迅速分解污水中的有机物，同时依靠相互间共生增殖及协同作用，代谢出抗氧化物质，生成稳定而复杂的生态系统，抑制有害微生物的生长繁殖，激活水中具有净化水功能的原生动物、微生物及水生植物，通过这些生物的综合效应从而达到净化与修复水体的目的。

（2）植物修复。植物修复就是利用植物的生长特性治理底泥、土壤和水体等介质污染的技术。植物修复技术包括植物萃取、植物稳定、根际修复、植物转化、根际过滤、植物挥发技术。植物萃取是依靠植物的吸收、富集作用将污染物从污染介质中去除；植物稳定是依靠植物对污染物的吸附作用把污染物固定下来，减少污染物对环境的影响；根际修复是依靠植物的根际效应对污染物进行降解；植物转化是依靠植物把污染物吸收到体内，通过微生物或酶的作用使污染物降解；根际过滤是依靠根际固定和吸附污染物；植物挥发是依靠植物将污染物中可以气化的某些污染物（如汞、氮等），挥发到大气中去。在利用植物修复过程中，要针对不同的污染物筛选不同的植物种类，使其对特定的污染物有较高的吸收能力，且耐受性较强。

水体植物修复技术具有很多优点：①具有美学价值，合理的设计能让人在视觉上得到美的享受；增加水中的氧气含量，或抑制有害藻类的生长繁殖，遏制底泥营养盐向水中的再释放；②植物根际为微生物提供了良好的栖息场所，联合处理效果更佳；③植物回收后可以再利用；④投资和维护成本低，操作简单，不造成二次污染，且具有保护表土、减少侵蚀和水土流失等作用。

总之，高等植物能有效地用于富营养化湖水、河道生活污水等方面的净化，是一项既行之有效又保护生态环境的环保技术。

水环境修复可供选择的植物包括水生植物、湿生植物和边坡植物等。

水生植物主要有水葱、泽泻、香蒲、美人蕉、茭白、鸢尾、乌菱、矮慈姑、鸭舌草、水竹、千屈菜、小芦荻、芦苇、菖蒲、水花生、流苏菜、眼子菜、聚藻、水蕴草、金鱼藻、伊乐藻、睡莲、田字草、满江红、布袋莲等。要做好水生材料的造景设计，应根据水生植物的生物特征和景观的需要进行选择，荷花、睡莲、玉蝉花等浮水植物的根茎都生长在河水的泥土中，要参考水体的水面大小比例、种植床的深浅等进行设计。为了保证水面植物景观疏密相间的效果，不影响水体岸边其他景观倒影的观赏，不宜把水生植物作满岸的种植，特别是挺水植物如芦苇、水竹、水菖蒲等，以多丝小片种植较好。

湿生植物是指湿生树种或耐湿耐淹能力强的树种，如水松、池杉、落羽杉、垂柳、旱柳、柽柳、枫杨、构树、水杉等很多树种都可广泛应用。在兼具盐碱特性的湿地，需选择应用既有一定耐湿特性又有一定耐盐碱能力的植物材料，这类树种主要有柽柳、紫穗槐、白蜡、女贞、夹竹桃、杜梨、乌桕、旱柳、垂柳、桑、构树、枸杞、楝树、臭椿等。在通过合理整地而排水良好处，也可应用耐湿能力稍弱而具有耐盐碱特性的树种，如刺槐、白榆、皂荚、栾树、泡桐、黄杨、合欢、黑松等。在合理选择上层木本绿化植物种类的基础上，选择适生实用的下层草本植物如百喜草、狗芽根、奥古斯丁草、地毯草、类地毯草、假俭草、野牛草、结缕草等，以构成复层群落。

边坡植物是指河道常水位以下，大多应选用耐水性好、扎根能力强的植物，如池杉、垂柳、枫杨、青檀、赤杨、水杨梅、黄馨、雪柳、簸柳、水马桑、醉鱼草、陆英、多花木蓝等，种植形式以自然为主，植物间的配置突出季相。地被也应选用耐水湿且固土能力强的品种，如大米草、香蒲、结缕草、南苜蓿、金栗兰、石蒜等。常水位以上岸坡，应尽量采用乔灌草结合的方式。

（3）动物修复。根据生物操纵理论，通过对水生生物群（包括藻类、周丛动物、底栖动物和鱼类）及其栖息地的一系列调节，以增强其中的某些相互作用，促使浮游植物生物量下降。周丛动物、底栖动物在水域中摄食细菌和藻类，有效地控制水中生物的数量，达到稳定水系的作用。鱼类修复技术主要采用混养技术，控制上、中和底层鱼的比例，鱼的残饵、粪便培肥水质，起到“肥水”的作用，而肥水鱼通过滤食浮游生物、细小有机物起到所谓“压水”的作用，稳定水体的生态平衡。

经典生物操纵理论认为，放养食鱼性鱼类以消除食浮游生物的鱼类，或捕除（或毒杀）湖中食浮游生物的鱼类，借此壮大浮游动物种群，然后依靠浮游动物来遏制藻类。这是生物操纵的主要途径之一。许多实验表明这种方法对改善水质有明显效果。美国明尼苏达富营养化的隆德（Round）湖面积126000m^2，最大深度10.5m，平均深度2.9m。优势鱼类有浮游生物食性鱼类的蓝鳃太阳鱼、刺目鱼和底栖动物食性的黑色回鱼。用鱼藤酮消灭原有的浮游生物食性和底食性鱼类，重新投放鱼食性的大嘴黑鲈和大眼狮鲈，使其与蓝鳃太阳鱼的比例为1：2.2，重建前为1：165。还投放美洲回鱼以防止底食性鱼类的发展。重建后大型浮游动物（蚤状溞）由稀少成为优势种，透明度由2.1m增至4.8m，总氮、总磷也呈下降趋势。

而非经典生物操纵理论则将生物控制链缩短，控制凶猛鱼类，放养食浮游生物的滤食性鱼类直接以藻类为食。中国科学院水生生物研究所淡水生态学研究中心谢平等通过在武汉东湖的一系列围隔实验发现，鲢、鳙控制蓝藻水华的作用机制主要有两点：改变藻类群落结构以及促使小型藻类占优势。他在原位围隔实验中发现，没有放养鲢、鳙的围隔内，出现蓝藻水华；而在放养鲢、鳙的围隔内，藻类的生物量处于低水平，并且蓝藻未能成为优势种群。而在另一项实验中，在发生蓝藻水华的围隔中加入了鲢、鳙后，蓝藻水华在短期内消失。由此得出了鲢、鳙等滤食性鱼类能够控制蓝藻水华的结论，从而揭示了东湖蓝藻水华消失之谜。另外，鲢、鳙在成功控制了蓝藻水华之后，也有效降低了东湖的磷内源负荷。

有人专门研究了“以藻抑藻”的控藻方法，以黑藻为材料，通过共培养和养殖水培养两种方式研究了黑藻对铜绿微囊藻生长的影响。研究发现，黑藻通过向水体中释放某些化学物质，使铜绿微囊藻的细胞壁、膜的破坏，类囊体片层的损伤直至细胞解体，生长量显著降低，繁殖受到抑制等。还有人研究了金藻控制蓝藻水华的试验，金藻能引起培养的单细胞微囊藻在短时间内大量消失；蓝藻水华发生期间的高温、偏碱性pH值等环境条件不影响金藻吞噬微囊藻的速率；金藻在水华的发生过程中能够生长，并且对控制微囊藻水华有一定的作用。

4.生态修复

（1）水环境生态修复的概念和特点。生态修复是在生态学原理指导下，以生物修复为基础，结合各种物理修复、化学修复以及工程技术措施，通过优化组合，使之达到最佳效果和最低耗费的一种综合性的修复污染环境的方法。

水环境生态修复是利用可持续的特点以增加生态系统的价值和生物多样性的活动，即修改受损河流物理、生物或生态状态的过程，以使修复后的河流较目前状态更加健康和稳定。用生态学诺贝尔奖获得者爱德华·威尔逊博士的话来说："生物多样性越强，则生态系统的稳定性越好。"正是基于这一原理，从整个水体生态系统着手，使水体中有益的水生植物、微生物、鱼类等都得到充分发展，使水体生物多样性达到最大化，从而使得水体生态系统长期稳定，提高水体的自净能力，最终获得人与自然的和谐。

水环境生态修复的特点包括以下几点：①综合治理，标本兼治，节能环保；②设施简单，建设周期短，见效快；③因地制宜，擅长解决现有水体的水质问题；④综合投资成本低，运行维护费用低，管理技术要求低；⑤生物群落本土化，无生态风险；⑥生物多样性强，生态系统稳定；⑦对污染负荷波动的适应能力强。

水环境生态修复技术主要包括人工浮岛技术、人工湿地技术、前置库技术、近自然修复技术等。

（2）人工浮岛技术。人工浮岛技术是日本率先将其用于富营养化水体污染控制的新技术。所谓人工浮岛技术，是人工把水生植物或改良驯化的陆生植物移栽到水面浮岛上，植物在浮岛上生长，通过根系吸收水体中的氮磷等营养物质、降解有机污染物和富集重金属，从而达到净化水质的目的。人工浮岛的最大优点是构建和维护方便，改善景观，恢复生态，而且还有利于营养盐和浮游植物的去除及消浪作用。

人工浮岛技术净化机理可分为五个方面：①浮岛植物吸收和吸附水体中氮磷物质；浮岛植物通过根系吸附并吸收水体中氮磷等营养盐供给自身生长，从而改善水质。②植物根系增大水体接触氧化的表面积，并能分泌大量的酶，加速污染物质的分解。③浮岛植物的抑藻效用。一些植物能有针对性地抑制相应藻类的生长，如芦苇对形成水华的铜绿微囊藻、小球藻都有抑制效应。④浮岛植物与微生物形成共生体系。浮岛植物输送氧气至根区，形成好氧、兼性的小生境，为多种微生物的生存提供适宜的环境；同时，微生物可以把一些植物不能直接吸收的有机物降解成植物能吸收的营养盐类。⑤浮岛的日光遮蔽作用。浮岛在水域占据一定的水面，在富营养化的水体中能减弱藻类的光合作用，延缓水华的爆发。

生态浮岛主要由浮岛框体、浮岛床体、浮岛基质和浮岛植物四部分组成。人工浮岛的框架一般由木材、竹材、塑料管、泡沫、废旧轮胎高分子纤维等材料加工而成。在选择污染水体修复的浮岛植物时，通常除了选择生物量大、适应性强、耐污性好、污染物去除率高的一种或几种水生植物组合外，还应综合考虑区域特点、耐寒能力、季节等因素。可供选择的植物包括能够分泌抑藻物质的水浮莲、满江红、浮萍、紫萍、狐尾藻、金鱼藻、马蹄莲、轮藻、石菖蒲、芦苇等，以及其他的植物，包括美人蕉、水蕹菜、牛筋草、香蒲、芦苇、荻、水稻、水芹、黄花水龙、向香根草等。

当然，人工浮岛技术也在不断完善中。改进生态浮岛结构是提高浮岛净化效果的方式之一。目前，生态浮岛结构改造主要是以浮岛系统与接触氧化系统、曝气系统、水生动物、微生物、填料、生物净化槽等中的一个或多个组合而成，充分利用浮岛立体空间，延长浮岛系统食物链以及强化浮岛的微生物富集特性，从而提高净化效果。

（3）人工湿地技术。人工湿地主要利用土壤、人工介质、植物，微生物的物理、化学、生物三重协同作用，对污水、污泥进行处理，最后湿地系统更换填料或收割栽种植物将污染物最终除去。其作用机理包括吸附、滞留、过滤、氧化还原、沉淀、微生物分解、转化、植物遮蔽、残留物积累、蒸腾水分和养分吸收及各类动物的作用。其中，湿地系统中的微生物是降解水体中污染物的主力军。

与污水处理厂相比，人工湿地的优点如下。

第一，人工湿地具有投资少、运行成本低等明显优势。在农村地区，由于人口密度相对较小，人工湿地同传统污水处理厂相比，一般投资可节省1/3 ~ 1/2。在处理过程中，人工湿地基本上采用重力自流的方式，处理过程中基本无能耗，运行费用低，污水处理厂处理每吨废水的价格在1元左右，而人工湿地平均不到0.2元。因此，在人口密度较低的农村地区，建设人工湿地比传统污水处理厂更加经济。

第二，污水处理厂使用的化学方法和生物方法，在处理过程中会产生大量富含有害化学成分的淤泥、废渣，影响环境，容易形成二次污染。而人工湿地使用纯生物技术进行水质净化，则不存在二次污染。

第三，人工湿地以水生植物、水生花卉为主要处理植物，在处理污水的同时还具有良好的景观效果，有利于改善农村环境。另外，在人工湿地上可选种一些具备净化效果和经济价值较高的水生植物，在污水处理的同时产生经济效益。

第四，人工湿地的运行管理简单、便捷，因为人工湿地完全采取生物方法自行运转，因此基本不需专人负责，只需定期清理格栅池、隔油池，每年收割一次水生植物即可。

人工湿地分为表面流人工湿地、水平潜流人工湿地和垂直潜流人工湿地。

表面流人工湿地是水面位于湿地基质层以上，水深一般在0.3～0.5m，水流呈推流式前进。污水从入口以一定速度缓慢流过湿地表面，部分污水或蒸发或渗入地下，出水由溢流堰流出。近水面部分为好氧层，较深部分及底部通常为厌氧层。表面流人工湿地优点是投资少、运行费用低、维护简单；缺点是水力负荷低、占地面积大、易受季节影响等。

潜流湿地系统是目前采用较多的人工湿地类型。根据污水在湿地中流动的方向不同可将潜流型湿地系统分为水平潜流人工湿地和垂直潜流人工湿地两种类型。不同类型的湿地对污染物的去除效果不同，具有各自的优缺点。水平潜流人工湿地因污水从一端水平流过填料床而得名。湿地主要由植物、填料床和布水系统三部分组成。填料床结构剖面图及布水系统自下而上依次为防渗层、卵石层、沙砾层、黏土层等。卵石层和沙砾层对进入此层的污水起到过滤作用，还可以通过滤料上的生物膜对污水中的污染物质进行降解，上层土壤存在大量的植物根系、微生物和土壤矿物，对污水中污染物质起到吸收、降解、置换等物理化学及生物作用，达到净化污水的目的。与表面流人工湿地相比，水平潜流人工湿地的水力负荷和污染负荷大，对BOD、COD、重金属等污染指标的去除效果好，且很少有恶臭和滋生蚊蝇现象，是目前国际上较多研究和应用的一种湿地处理系统。它的缺点是控制相对复杂，脱氮、除磷的效果不如垂直潜流人工湿地。垂直潜流湿地系统使用的基质以碎石、沙砾石和沸石为主。其特点是使污水从湿地表面纵向流向填料床的底部，床体处于不饱和状态，氧可通过大气扩散和植物传输进入人工湿地系统。该系统的硝化能力高于水平潜流湿地，可用于处理氨氮含量较高的污水。其缺点是对有机物的去除能力不如水平潜流人工湿地系统。

随着人工湿地技术的发展，近年来出现了许多复合和改进工艺，如波形潜流人工湿地以及潜流人工湿地的复合利用，使人工湿地的处理效果得到了提高。

（4）前置库技术。前置库技术就是在大型河流、湖泊水库内入水口处设置规模相对较小的水域，将河道来水先蓄存在小水域内，在小水域中实施一系列水净化措施，同时沉淀来水挟带的泥沙后，再排入河湖、水库。前置库技术是控制河湖外源来水、控制面源污染的有效途径。前置库，通常利用天然或人工库塘拦截暴雨径流或外来污水，工艺流程如下：径流污水→沉砂池→配水系统→植物塘

→入河湖。在前置库中，水体所含的营养物质首先通过浮游植物从溶解态转化成颗粒态，接着浮游植物和其他颗粒物质在前置库与主体湖泊（水库）连接处沉降下来。整个沉降过程包括自然过程和絮凝沉降。这种沉降过程由于天然沉淀剂和絮凝剂的存在而增强，尤其是排水区域的地理化学条件更能影响营养盐的去除。

水生植物也是前置库中不可缺少的主要组成部分，其从水体和底质中去除氮磷能力的大小依次为沉水植物、浮叶植物和挺水植物。通过静态试验研究微污染状态下各种水生植物单一和组合时的净化能力，结合水生植物的生长状况、区域环境特点等，筛选出繁殖竞争能力较强，净水效果佳，观赏性和经济性好，易于栽培、管理、收获、控制的水生植物系统，为前置库植物群落的配置提供依据。值得注意的是，水生植物的选择要因地制宜，优先选择地区土著种，要配置不同高度、不同形态的植物，并注重种类的多样性；要定期收割、移除该前置库系统。此外，依据本地区的水质状况、现状分析，筛选出前置库区投放的鱼类，不对底泥造成扰动，不影响水体景观和生物安全。

目前，该技术在国内太湖、滇池、山东云蒙湖等都有所应用。在实际应用中，在前置库的技术上有所改进，即在景观水体项目中，专门做水体分层。整个水系有几个湖或塘，一层层跌水下来，形成阶梯湖，湖与湖之间多是用墙体拦截，景观效果极好。通过拦截坝围出的原水处理区域也能够实现分层跌水效果，同时工艺运行中也使整个水体流动，为景观添彩。除此之外，该技术也在不断地创新之中。张毅敏等人在传统前置库技术基础上，研发生态透水坝与砾石床、生态库塘、固定化菌强化净化等关键技术。

（5）近自然修复技术。近自然修复技术，是以生态学理论为指导，选择适合于河道、河岸、河漫滩乃至流域的生物、生态修复方法，达到接近自然、经济美观的应用于河流湖泊治理的新技术。近自然型河岸可分为三种模式。

①全自然型护岸。采用“土壤生物工程法”，利用木桩与植物梢、棍相结合，植物切枝或植株将其与枯枝及其他材料相结合，乔灌草相结合，草坪草和野生草种相结合等技术来防止侵蚀，控制沉积，同时为生物提供栖息地，可以有效地维护河道的自然特性。但这种护岸抵抗洪水的能力较差，抗冲刷能力不足。这种模式适用于用地充足，岸坡较缓，侵蚀不严重的河流及一些局部冲刷的地方。在修复过程中，最关键的问题是植物物种的选择与配置。主要采用根系发达的

固土植物进行护岸，即在水中种植柳树、水杨、白杨以及芦苇、野茭白、菖蒲等具有喜水特性的植物；而在坡面上撒播或铺上草坪，也可以种植一些植物如沙棘林、刺槐林、龙须草、常青藤、香根革等。

②工程生态型护岸。对冲刷较为严重、防洪要求较高的河段，如果单纯采用自然方法是难以满足防洪安全要求的，必须采用一些工程措施，才能有效地保护河岸的结构稳定性和安全性，同时还必须采用生态措施，维护河岸的生态环境。工程生态型护岸不仅种植植被，还采用天然石材、木材护底，如在坡脚设置各种种植包、采用石笼或木桩等护岸，斜坡种植植被，实行乔灌结合。在此基础上，再采用钢筋混凝土等材料，确保大的抗洪能力。

这种修复模式以防止岸坡冲刷为主，在材料选用上常常采用浆砌或干砌块石、现浇混凝土和预制混凝土块体等硬质且安全系数相对较高的材质。在结构形式上常用重力式浆砌块石挡墙、工型钢筋混凝土挡墙等结构。

第一，大型护坡软件排。水下部分采用软体排或松散抛石，而水上部分则是在柔性的垫层（土工织物或天然织席）上种植草本植物，并且垫层上的压重抛石不应妨碍草本植物生长。

第二，干砌块石或打木桩。水下部分采用干砌块石或打木桩的方法，并在块石或木桩间留有一定的空隙，以利于水生植物的生长。水上部分可参考自然原型护岸的做法，铺上草坪或者栽上灌木。

第三，纤维织物袋装土护岸。由岩石坡脚基础、砾石反滤层排水和编织袋装土的坡面组成。如由可降解生物（椰皮）纤维编织物（椰皮织物）盛土，形成一系列不同土层或台阶岸坡，然后栽上植被。

第四，面坡箱状石笼护岸法。将钢筋混凝土柱或耐水圆木制成梯形箱状框架，并向其中投入大的石块，形成很深的鱼巢。再在箱状框架内埋入柳枝。

此外，还可以利用丁坝等使原来较直的河岸人工形成河湾，并设计不同的深潭、浅滩及沙心洲，使河湾大小各异，形状、深度、底质也可富于变化。在此基础上，既可采用全自然型措施，又可采用其他工程型措施。

③景观生态型护岸。随着经济社会的不断发展，人民生活水平的普遍提高，人们对河流的治理、河岸的建设提出了更高的要求，要求河流除了具备防洪、抗旱的安全保障外，还能够给社会生活提供越来越多的服务。河道两岸已成为人们休闲娱乐和旅游的理想场所。为满足人们对景观、休闲和环境的需求，需构筑具

有亲水功能的景观河岸，营造人与自然和谐的氛围。在确保防洪和人类活动安全的同时，河岸带的修复需与景观、道路、绿化以及休闲娱乐设施相结合，即景观生态型护岸。

景观生态型护岸主要是从满足景观功能的角度对河道加以治理，将河道的生态要求和景观要求综合考虑，充分考虑河道所处的地理环境、风土人情，沿河设置一系列的亲水平台、休憩场所、休闲健身设施、旅游景观、主题广场、艺术小品、特色植物园和各种水上活动区，力图在河道纵向上，营造出连续、动感的景观特质和景观序列；在河道横断面景观配置上，多采用复式断面的结构形式，保持足够的景观效果。

这种生态修复方法将各种独立的人文景观元素有规律地组合在一起，构成了当地人们的生活方式。它将美学作为一个和谐和令人愉快的整体，充分体现了“以人为本”“人与自然和谐相处”的理念。很多城市在建设过程中重点打造景观河岸，将河岸带建设成为城市的窗口、旅游胜地和休闲中心。

二、农村微污染水源保护与饮水安全

微污染水源水是指受到有机物污染，部分水质指标超过《地表水环境质量标准》Ⅲ类水体标准的水体。其成分主要包括有机物（天然有机物NOM和人工合成有机物SOC）、氨（水体中常以有机氮、氨、亚硝酸盐和硝酸盐形式存在）、嗅味、“三致”物质（致畸、致癌、致突变的物质）、铁锰等。一般来说，受污染江河水体中主要包括石油烃、挥发酚、氯氮、农药、COD、重金属、砷、氰化物等，这些污染物种类较多，性质较复杂，但浓度比较低微，尤其是那些难于降解、易于生物积累和具有“三致”作用的优先控制有毒有机污染物，对人体健康毒害很大。

（一）农村饮水安全措施

1.水源工程选择与保护

（1）水源选择。依据国家和地方关于水资源开发利用的规定，通过勘查与论证，对水源水质、水量、工程投资、运行成本、施工、管理和卫生防护条件等方面进行技术经济方案比较，选择供水系统技术经济合理、运行管理方便、供水安全可靠的优质水源。优先选择能自流引水的水源；需要提水时，选择扬程和运行成本较低的水源；充分利用当地现有的蓄水、引水等水利工程，有条件且必要时，也可结合防汛、抗旱需要规划建设中小型水库作为农村供水水源。缺水地区的水源论证，要把水源保证率放到重要位置考虑。

（2）水源保护。按照水资源保护相关法规的要求，采取有效措施，加强水源保护。水源保护区划分、警示标志建设、环境综合整治等工作，应与供水工程设计及建设同步开展。主要措施包括：①划定水源保护区或保护范围。规模以上集中供水工程，根据不同水源类型，按照国家有关规定，综合当地的地理位置、水文、气象、地质、水动力特征、水污染类型、污染源分布、水源地规模以及水量需求等因素，合理划定水源保护区，并利用永久性的明显标志标示保护区界线，设置保护标志；规模以下集中供水工程和分散供水工程，也要根据当地实际情况，明确水源保护范围。②加强水源防护。以地表水为水源时，要有防洪、防冰凌等措施；以地下水为水源时，封闭不良含水层；水井设有井台、井栏和井盖，并进行封闭，防止污染物进入；大口井井口还需要保证地面排水畅通。以泉水为水源时，设立隔离防护设施和简易导流沟，避免污染物直接进入泉水；引泉池应设顶盖封闭，池壁应密封不透水。

（3）水污染防治。采取措施，加大各项治污措施落实力度，切实加强“三河三湖”等重点流域和区域水污染防治，严格控制在水源保护区上游发展化工、矿山开采、金属冶炼、造纸、印染等高污染风险产业；加强地下水饮用水源污染防治，严格控制地下水超采；加强水源保护区环境监督执法，强化企业排污监管，清理排污口、集约化养殖、垃圾、厕所等点源污染；通过发展有机农业，合理施用农药、化肥，种植水源保护林，建设生态缓冲带等措施涵养水源、减少水土流失和控制面源污染；加快农村环境综合整治，将农村饮用水源保护作为其工作重点。

2.供水工程建设

根据水源条件、用水需求、地形、居民点分布等条件，通过技术经济比较，因地制宜、合理确定工程类型。提倡建设净水工艺简单、工程投资和运行成本低、施工和运行管理难度小的供水工程。山丘区可充分利用地形条件和落差，兴建自流供水工程；平原区可采用节能的变频供水技术和设备，兴建无塔供水工程；对于氟、砷、苦咸水和铁锰等水质超标地区，确无优质水源时，可因地制宜采用适宜的水处理技术，实行分质供水。处理后的优质水用于居民饮用及饲养牲畜；利用原有供水设施（如简易手压井、自来水、水窖）提供洗涤等生活杂用水。在水源匮乏、用户少、居住分散、地形复杂、电力不能保障等情况下，才考虑建造分散式供水工程，并应加强卫生防护和生活饮用水消毒。

特别地区，依据各项用水量现状调查，参照相似条件、运行正常的供水工程情况，综合考虑水源状况、气候条件、用水习惯、居住分布、经济水平、发展潜力、人口流动等情况，合理确定供水规模，在满足所需水量前提下，保证工程建设投资合理性和工程运营经济性，避免规模过大导致“大马拉小车”的现象。

根据原水水质、工程规模、当地实际条件等因素，参照相似条件已建工程，通过工程技术经济比较，因地制宜地采用适宜技术。规模以上农村饮水安全工程宜采用净水构筑物，供水规模小于1 000 m^3/d或受益人口小于1万人的农村饮水安全工程可采用一体化净水装置。农村饮水安全工程选用的输配水管材、防护材料、滤料、化学处理剂，以及净水装置中与水接触部分应符合卫生安全要求。

加强和重视农村饮用水的消毒问题。消毒措施应根据供水规模、供水方式、供水水质和消毒剂供应等情况确定。规模较大的水厂，采用液氯、次氯酸钠或二氧化氯等对净化后的水进行消毒；规模较小的水厂，采用次氯酸钠、二氧化氯、臭氧或紫外线等对净化后的水进行消毒；分质供水站可采用臭氧或紫外线等对净化后的水进行消毒；分散供水工程可采用漂白粉、含氯消毒片或煮沸等家庭消毒措施等对饮用水进行消毒。

集中供水工程按《生活饮用水卫生标准》《村镇供水工程技术规范》和《村镇供水单位资质标准》的要求，对水源水、出厂水和管网末梢水进行检验。规模较大的供水工程需设化验室，并配备相应的水质检测设备；规模较小的供水工程可配备自动检测设备或简易检验设备，也可委托具有生活饮用水化验资质的单位进行检测。

3.水质检测能力建设

为加强农村饮水安全工程的水质检测，保证供水安全，提高预防控制和应急处置农村饮用水卫生突发事件的能力，针对农村饮水安全工程规模小、分散广、检测能力弱的特点，充分利用现有县级水质检测机构，统筹优化水质检测资源配置，在无法满足检测需求的地方，合理布局建设农村饮水安全水质检测室（中心），全面提高县级水质检测能力，加快建立完善水厂自检、县域巡检、卫生行政监督等相结合的水质管理体系。

（二）农村饮水中不同污染类型采取的净水技术或工艺

1. 浊度超标水的净水工艺

凡以地表水（山溪水、水库水、江河湖泊水）为水源，原水浊度长期低于20NTU，瞬间不超过60NTU，其他水质指标符合《地表水环境质量标准》要求时，可采用直接过滤加消毒的净水工艺。

2. 氟超标水体的处理措施

氟超标水体的处理措施有以下三种方法。

（1）吸附过滤法。含氟水通过由吸附剂组成的滤层，氟离子被吸附在滤层上，以此达到除氟目的。

主要吸附剂有活性氧化铝、骨炭、活化沸石、多介质吸附剂、多孔球状羟基磷灰石饮用水除氟粒料（如HAP-F环保除氟粒料）等。

活性氧化铝吸附法是目前我国较成熟的除氟方法，该法处理效果好坏与水中氟含量、pH值和活性氧化铝的粒径有关，一般在偏酸性（pH=5.5～6.5）溶液中活性氧化铝的吸氟容量较高。工程实践中一般将原水加酸调pH值控制在6.0～7.0之间，以提高吸附容量，延长过滤周期。

骨炭具有吸附速度快、效率高，无须调节原水pH值，吸氟容量高于活性氧化铝，但机械强度低，吸附能力衰减快。

活化沸石除氟，其特点是价格便宜，但吸附容量较低。

上述三种吸附剂，在工程中采用任一种吸附剂时，当滤池出水中含氟量＞1mg/L时，都要对滤料进行再生处理。

多介质过滤法系利用复合式多介质滤料对水中氟化物进行吸附过滤。复合式多介质滤料具有高吸附容量的特点，使用周期为12～72个月（介质使用周期与原水中氟含量有关）。该方法工程流程简单，操作方便，无须调pH值，无须化学药剂再生，仅用清水冲洗即可，反冲洗耗水率低。缺点是滤料价格较高。

（2）膜法。利用半透膜分离水中氟化物的方法，其特点是在除氟的同时，也去除水中的其他离子，尤其适用于含氟水、苦咸水的淡化。

该法处理成本较高，平均2.2～3.0元/m^3。该法在河北沧州、内蒙古河套等地区应用较广。膜法处理包括电渗析及反渗透两种方法。

（3）混凝沉淀法。混凝沉淀法除氟是在含氟水中投加混凝剂（聚合氯化铝、三氯化铝、硫酸铝等），使之生成絮体而吸附水中的氟离子，再经沉淀和过滤将其去除，以达到除氟目的的方法。该方法特点是操作方便，制水成本低。缺点是投药量较高，产生的污泥量较大，一般适用于含氟量小于4 mg/L的原水。

3. 苦咸水的处理措施

（1）电渗析法：在外加直流电场的作用下，利用阴、阳离子交换膜，使水中阴、阳离子反向迁移，达到苦咸水淡化的目的。特点是操作简便，设备紧凑，占地面积小，水的利用率可达60%～75%。缺点是产生大量的浓盐水、极水，需要妥善处置，适用于分质供水。

（2）反渗透：在压力作用下，原水透过半透膜时，只允许水透过，其他物质不能透过而被截留在膜表面的过程。其特点是占地少、建设周期短，净水效果好，出水水质稳定，但是对原水水质要求高；要增加预处理工艺，运行成本较高，产生大量废水要妥善处置，适用于分质供水。

4. 铁、锰超标水的处理

锰和铁的化学性质相近，所以常共存于地下水中，铁的氧化还原电位比锰低，因此锰比铁难以去除。地下水除铁、除锰常采用下列工艺：①当原水中含铁量低于6 mg/L、含锰量低于1.5 mg/L时，可采用原水曝气，单级过滤；②当以空气作为氧化剂时，经接触过滤除铁，再加氯或高锰酸钾接触过滤除锰；③当含铁量大于10 mg/L、含锰量大于2 mg/L时，也可采用两级曝气，两级过滤，一级过滤用作接触氧化除铁，二级过滤用作生物除锰；④当以空气为氧化剂的接触过滤除铁和生物固锰除锰相结合时，该滤池的滤层为生物滤层，除铁与除锰在同一滤池完成。

地下水除铁、锰工艺流程的选择及构筑物的选型，应根据原水水质，处理后的水质要求，通过技术经济比较后确定。

5. 微污染水处理技术

当常规处理工艺难以使微污染水达到饮用水水质标准时，一般可采取增加预处理或深度处理等措施，以满足要求。措施的选择，可根据原水水质采用一种或多种组合工艺。微污染水处理技术措施包括预处理、强化常规处理和深度处理。

三、城市微污染水处理技术

针对微污染水源水处理问题，国内外进行了大量的研究和实践。按照处理工艺的流程，可以分为预处理、常规处理、深度处理。常规处理工艺（混凝、沉淀、过滤、消毒）不能有效去除微污染原水中的有机物、氨氮等污染物；液氯很容易与原水中的腐殖质结合产生消毒副产物（DBP）三卤甲烷（THM），直接威胁饮用者的身体健康。由于传统净水工艺已不能有效处理被污染的水源，而且限于目前的经济实力，我们无法在较短的时间内控制水源污染、改变水源水质低劣的现状，退而求其次，人们不得不采取新的方法来保证饮用水的安全和人们的健康。因此，从20世纪70年代开始，水处理研究人员开发出许多水的净化新技术，包括预处理技术、强化传统工艺和深度处理技术，这些技术中有的已经在实际中得到应用，取得了较好的效果。

（一）预处理技术

预处理通常是指在常规水处理工艺前面采用适当物理、化学和生物的处理方法，对水中的污染物进行初级去除，以使后续的常规处理工艺能更好地发挥作用。预处理在减轻常规处理和深度处理的负担、发挥水处理工艺整体作用的同时，又提高了对水中污染物的去除效果，改善饮用水质和提高饮用水的卫生安全。

目前的预处理技术主要有水库储存法、吸附预处理技术、生物预处理技术、化学氧化预处理技术等。

1. 水库储存法

水库存储可使水中部分悬浮物沉淀而降低水源水浊度，一些有机物也可通过生物降解等综合作用而被去除。目前此法逐渐被广泛使用，但水库存储适合于大水量处理，且需连续运行，基建费用巨大，而且在实际使用中还存在藻类大量滋生等问题。

2. 吸附预处理技术

吸附预处理技术主要有粉末活性炭吸附和黏土吸附等。国外利用粉末活性炭去除水源水中色、臭、味等物质，已取得了成功的经验和较好的袪除效果。粉末活性炭投加量应根据水质特点实验确定，国内目前在工程应用方面的实例较少，且只能做一次性使用，目前还没有很好的回收再生利用法，作为一种预处理方式，其运行费用相对较高，只能作为一种解决水质突然恶化的应急措施。后者的投加量足够大时，对水源水中的有机物常表现出较好的去除效果，但是大量黏土投加到混凝池后，会增加沉淀池的排泥量，给生产运行带来一定困难。

3. 生物预处理技术

水源水生物处理技术的本质是水体天然净化的人工化，通过微生物的降解，去除水源水中包括腐殖酸在内的可生物降解的有机物及可能在加氯后致突变物质的前驱物和NH_3-N，NO^{2-}等污染物，再通过改进的传统工艺的处理，使水源水质大幅度提高。常用方法有生物滤池、生物转盘、生物流化床、生物接触氧化池和生物活性炭滤池。这些处理技术可有效去除有机碳及消毒副产物的前体物，并可大幅度地降低NH_3-N，对铁、锰、酚、浊度、色、嗅、味均有较好的祛除效果，费用较低，可完全代替预氯化。此外，集生态性、景观性于一体的水体生物——生态修复技术之一的人工湿地技术也是处理微污染水的有效手段之一。

4. 化学氧化预处理技术

化学氧化预处理技术是指利用氧化剂自身的氧化能力，对水中污染物的结构进行破坏分解，从而达到转化、去除污染物的预期目的。它主要包括预氯化、高锰酸钾预氧化、臭氧预氧化、H_2O_2预氧化等处理技术。将化学氧化预处理这一短语分解开来，化学氧化毋庸置疑是属于一种化学反应，而预处理是指在常规工艺之前，运用与之相符合的物理、生物、化学的处理办法来去除水中所存在的污染物。与此同时，这还会促使常规处理技术更好地发挥自身的作用，从而为常规处理以及深度处理减轻负担，使水处理技术的整体性作用更完美地凸显出来，更好地改善饮用水的水质情况。常用的化学氧化剂有氯气、臭氧、高锰酸钾、过氧化氢、二氧化氯、光催化氧化。

目前饮用水预处理技术正逐渐推广使用臭氧氧化的方法。臭氧氧化法不会像预氯化那样产生有害卤代化合物，由于臭氧具有很强的氧化能力，它可以通过破坏有机污染物的分子结构以达到改变污染物性质的目的。

（二）强化常规处理技术

强化处理是针对当前不断提高的水质标准，在现有的工艺基础上经过改进、优化和新增以去除浊度、病毒微生物、有机污染物以及有机污染物引起的色度、嗅味、藻类、藻毒素、卤仿前质、致突变物质等为主要目标的，使之达到不断提高水质标准的水处理工艺，其中最重要的工艺环节是强化混凝、强化过滤和强化沉淀技术。

1. 强化混凝技术

对于某一确定的原水，必定有一最佳混凝剂及最佳混凝工艺。强化混凝技术主要是通过改善混凝剂性能和优化混凝工艺条件，提高混凝沉淀工艺对有机污染物的去除效果。

强化混凝主要方式有：①提高混凝剂投加量使水中胶体脱稳，凝聚沉降；②增加絮凝剂或助凝剂用量，增强吸附和架桥作用，使有机物絮凝下沉；③投加新型高效的混凝/絮凝药剂；④改善混凝/絮凝条件，如优化水力学条件，调整工艺和pH值等。其中，增投助凝剂和采用新型高效处理药剂是强化混凝技术的主要措施和发展方向。以高锰酸钾作助凝剂、铁盐作混凝剂可以强化对微污染水源水的处理效果。采用新型高锰酸盐复合药剂可以强化混凝效果，同时发挥高锰酸盐的氧化作用，提高水源水中的有机污染物的去除效率。

2．强化过滤技术

强化过滤技术，可针对普通滤池进行生物强化，滤料由生物滤料和石英砂滤料组合而成。强化过滤技术则是在不预加氯的条件下，在滤料表面培养繁育微生物，利用微生物的生长繁殖活动去除水中的有机物。采用新型、改性滤料等可以提高过滤工艺对浊度、有机物等的去除效果。通过对传统工艺中的普通滤池进行生物强化，可以使原水中的氨氮去除率由原来的30%～40%，提高到93%；亚硝酸盐氮的去除率由零提高到95%；有机物（COD）的去除率由20%提高到40%左右，出水浊度保证在1NTU以下，消毒后能满足卫生学指标的要求。该工艺无须新增处理构筑物，既可以起到生物作用，又可以起到过滤作用，在经济和技术上是可行的，但对于其前处理的要求、运行管理的方法以及微生物的控制等各方面的特性，还需进一步研究。

3．强化沉淀技术

沉淀分离是常规给水处理工艺的重要组成部分，沉淀分离的效果对后续处理工艺和最终出水水质有较大影响。微污染水源水由于有机污染的增加，水中除了含有悬浮物和胶体物质外，还含有大量的可溶性有机物、各种金属离子、盐类、氨氮等有机和无机成分，对常规沉淀去除效果带来了一定的影响，加强沉淀作用，能提高对有机物的去除效率。

主要可以通过以下几种方式加强沉淀处理：①投加高效新型高分子絮凝剂，提高絮凝体的沉降特性；②优化改善沉淀池的水力学条件，提高沉淀效率；③提高絮凝颗粒的有效浓度，提高对原水中有机物进行的连续性网捕、扫裹、吸附、共沉等作用，从而提高其沉淀分离效果。

（三）微污染水深度处理技术

深度处理通常是指在常规处理工艺后，采用适当的物理、化学处理方法，将常规处理工艺不能有效去除的污染物或消毒副产物的前体物加以去除，从而提高和保证饮用水水质。目前的预处理技术主要有活性炭技术、磁性离子交换技术、生物活性炭技术、臭氧氧化技术、臭氧—生物活性炭联用技术、膜滤技术、吹脱技术等。

1. 活性炭技术

利用活性炭巨大的比表面积能够吸附水环境中的污染物的特性，将活性炭技术应用于微污染水深度处理、饮用水深度处理、饮用水物化预处理、优质直饮水纯净水生产等。

活性炭的吸附效果除与自身性能有关以外，还与被吸附物（吸附质）的特性密不可分。一般情况下，活性炭对相对分子质量在500～3 000的有机物具有良好的去除效果，而对相对分子质量小于500或大于3 000的有机物去除效果极差。同时，对同样大小的有机物，其溶解度越小、亲水性越差、极性越弱的，活性炭吸附效果则越好；反之就越差。有研究认为，活性炭吸附对水中臭味、腐殖质、溶解性有机物、微污染物、总有机碳（TOC）、总有机卤化物（TOX）和总三卤甲烷（THM）有明显去除作用。安德森等研究发现，活性炭对氯化产生的$CHCl_3$，去除率为20%～30%，而对水中的微生物和溶解性金属离子的去除效果则不明显。

在上述工艺流程中，粒状炭（GAC）吸附单元的设计方案一般有三种可供选择：第一种是用GAC与砂滤料构成双层滤料滤池，GAC厚度为1.0～1.2 m，承托层砂滤料厚度2.5 m（一般采用大—小—大分级配置，即8～16 mm、4～8 mm、2～4 mm、4～8 mm、8～16 mm，每层厚度均为50 mm）；第二种是全部由GAC填充滤池，厚度多为1.5 m；第三种是在砂滤池后建GAC滤池，先经砂滤，再经GAC吸滤，从而延长GAC使用周期。在给水处理中，最常用的过流方式首先是下向流重力式滤床，其次是下向流压力式滤床，其他的（如上向流以及移动床、流动床吸附）则应用不多。

2. 磁性离子交换技术

一些研究表明，阴离子型磁性离子交换树脂（MIEX）对水中的NOM有一定的去除作用，能够减少水中消毒副产物前体，MIEX还能够减少混凝剂用量，改善混凝效果，且再生性能良好，可反复使用。因此，MIEX在饮用水处理中受到越来越广泛的关注。

3．生物活性炭技术

生物活性炭技术即为利用粒状活性炭巨大比表面积及发达孔隙结构，对水中有机物及溶解氧有很强的吸附特性，将其作为生物载体替代传统的生物填料，并充分利用活性炭的吸附以及活性炭层内微生物有机分解的协同作用。该技术利用微生物的氧化作用来增加水中溶解性有机物的去除效率，延长活性炭的再生周期，减少运行费用，同时水中的氨氮可以被生物转化为硝酸盐，从而减少了氯化的投氯量，降低了三卤甲烷的生成量。有资料表明，活性炭附着的硝化菌还可以转化水中的氨氮化合物，降低水中的NH_3-N的浓度，NH_3-N去除率可达75%～96.7%。生物活性炭通过有效地去除水中有机物和臭味，从而提高饮用水化学、微生物安全性，是自来水深度净化的一个重要途径。目前，世界许多国家已在污染水源净化、工业废水处理及污水再利用的工程中得到应用。

4．臭氧氧化技术

臭氧通过氧化分解细菌内部葡萄糖所需的酶，破坏细胞器、DNA等，改变细胞膜通透性等达到灭菌消毒的功效。但是，仍有某些稳定性强的有机污染物及已经形成的消毒副产物THMs难以被氧化去除。因此，在应用中多采用臭氧氧化与其他处理技术相结合，形成组合工艺，如臭氧/活性炭吸附、臭氧/生物活性炭、臭氧/过氧化氢等。

在饮用水处理工艺流程中，一般根据臭氧投加点位置的不同分为前段投加、中段投加和后段投加三种方式。前段投加称为“臭氧化预处理”或“臭氧预氧化处理”，中段投加称为“中间氧化”，后段投加称为“臭氧消毒”。

5．臭氧—生物活性炭联用技术

臭氧—生物活性炭深度水处理技术被称为饮用水净化的“第二代净水技术”。它采用臭氧氧化和生物活性炭滤池联用的方法，将原水先臭氧化后活性炭吸附，集臭氧化学氧化、臭氧灭菌消毒、活性炭物理化学吸附和微生物氧化降解四种技术于一体，其主要目的是在常规处理之后进一步去除水中有机污染物、氯消毒副产物的前体物、异臭、异味、色度，去除部分重金属、氰化物、放射性物质、氨氮等，降低出水中的BDOC和AOC，保证净水工艺出水的化学稳定性和生物稳定性。

6.膜滤技术

从膜滤法的功能上看，反渗透能有效地去除水中的农药、表面活性剂、消毒副产物、THMs、腐殖酸和色度等。纳滤膜用于分子量在300～1 000内的有机物质的去除。而超滤和微滤膜可去除腐殖酸等大分子量（大于1 000）的有机物。因此，膜滤技术是解决目前饮用水水质不佳问题的有效途径。膜滤法能去除水中胶体、微粒、细菌和腐殖酸等大分子有机物，但对低分子量含氧有机物如丙酮、酚类、酸、丙酸几乎无效。膜滤法进一步应用到给水处理中的缺点是基建投资和运转费用高，易发生堵塞，需要高水平的预处理和定期的化学清洗，还存在浓缩物处置的问题。然而，随着清洗方式的改进，膜堵塞和膜污染问题的改善以及各种膜价格的降低，相信在不久的将来，膜滤法一定会在给排水领域得到较广泛的应用。

7.吹脱技术

吹脱法过去主要用于去除水中溶解的CO_2、H_2S、NH_3等气体，同时增加溶解氧来氧化水中的金属。直到20世纪70年代中期，该技术才开始用于去除水中低浓度挥发性的有机物。在饮用水深度处理中，吹脱法费用低，是采用活性炭达到同样去除效果所需运行费用的1/2～1/4。

（四）微污染水体的处理新技术

1.光化学氧化法

光化学氧化法是在化学氧化和光辐射的共同作用下，使氧化反应在速率和氧化能力上比单独的化学氧化、辐射有明显提高的一种水处理技术。光化学氧化法均以紫外光为辐射源，同时水中需预先投入一定量氧化剂如过氧化氢，臭氧或一些催化剂，如染料、腐殖质等。它对难降解而具有毒性的小分子有机物去除效果极佳，光氧化反应使水中产生许多活性极高的自由基，这些自由基很容易破坏有机物结构。属于光化学氧化法的有光激发氧化、光催化氧化、光敏化氧化等。

（1）光激发氧化法是以臭氧、过氧化氢、氧和空气等作为氧化剂，将氧化剂的氧化作用和光化学辐射相结合，可产生氧化能力很强的自由基。紫外—臭氧联用技术可以氧化臭氧所不能氧化的微污染水中的有机物，如三氯甲烷、六氯苯、四氯化碳、苯，使之变成CO_2和H_2O，降低水中的致突变物活性，其氧化效果比单独使用UV和O_2要好。但是，紫外—臭氧工艺对有机物或THMs的去除能力还有待进一步探讨，而且该工艺费用较高，还不容易推广应用。

（2）光催化氧化法是在水中加入一定数量的半导体催化剂（如TiO_2、WO_3、Fe_2O_3及CdS等），在紫外线辐射下产生强氧化能力的自由基，能氧化水中的有机物。利用光催化氧化技术对$CHCl_3$、CCl_4等九种饮用水中常见优先控制污染物去除效果的试验过程中发现，该技术对这些有机优先控制污染物有很强的氧化能力，能有效地予以分解和去除。该方法的强氧化性、对作用对象的无选择性与最终可使有机物完全矿化的特点，使光催化氧化在饮用水深度处理方面具有较好的应用前景。但是TiO_2粉末颗粒细微，不便加以回收，同传统净水工艺相比，光催化氧化处理费用较高，设备复杂，短期内推广使用受到限制。光催化氧化投入实际应用所需要解决的主要问题是确定长期运行过程中催化剂中毒情况及寻求理想的再生方法；解决催化剂的分离回收或固定化问题；反应器的设计及提高光能利用率等。可以预见，随着研究的不断深入，光催化氧化必将越来越得到重视。

（3）光敏化降解主要的研究对象是水环境中的石油污染物直链烷烃。敏化剂能够从直链烷烃的碳原子上夺取氢原子后生成羟基，在氧的作用下使其降解为酮、烯、醛、醇等。这些化合物均比烷烃更加容易被水环境中的微生物降解。光敏化降解常用的敏化剂是蒽醌。

光化学氧化法目前尚处于研制阶段，由于运行成本较大，尚难大规模地在生产中应用，但该项技术发展很快，在生产上的应用将为期不远。

2. 高梯度磁滤技术

高梯度磁滤技术是近几年发展起来的新兴水处理技术，也是处理微污染水的一个新途径。磁分离的物理作用是利用废水中杂质颗粒的磁性进行分离的，对于水中非磁性或弱磁性的颗粒，利用磁性接种技术可使它们具有磁性。在高强度磁场中，实现磁性颗粒物与水的分离。磁滤技术对水中污染物质去除的效果好，对浊度、色度、细菌、重金属及磷酸盐等都有很好的去除效果，无论是夏季高浊时期还是低温低浊期间，处理后的水都能达到饮用水水质标准。

高梯度磁滤技术使混凝工艺的分离速度较常用的斜管沉降法提高10～50倍，可极大地提高水处理速度和减少占地面积，易于实现自动化控制及小型集成化设备，在给水、工业废水及生活污水处理等领域均有广泛的发展前景。虽然它在给水排水处理中的应用尚有许多需要进一步研究的课题，但它的初步应用研究已充分显示出巨大的优越性和广阔的应用前景，并且随着科学技术的发展，超导磁分离技术的出现将进一步扩大高梯度磁分离技术在给水排水处理中的应用范围。目前，限制高梯度磁过滤技术的主要问题在于磁种的选择、制造及磁种回收工艺需要研究改进。

3. 超声空化技术

频率在20kHz以上的超声波辐射溶液会引起许多化学变化，称为“超声空化效应”。降解有机物的途径主要为热解、自由基氧化、超临界水氧化和机械剪切作用。当足够强度的超声波辐射溶液时，在声波负压相中，空化泡形成长大，而在随后的声波正压相中，气泡被压缩，空化泡在经历一次或数次循环后达到不平衡状态，受压迅速崩溃，产生瞬时高温（>5000K）和高压（>20MPa），即所谓的“热点”。空化泡中的水蒸气在这种极端环境中发生分裂及链式反应，产生氧化活性相当强的氢氧自由基和过氧化氢，并伴有强大的冲击波和射流。研究表明，超声空化对脂肪烃、卤代烃、酚、芳香族类、醇、天然有机物、农药等均有较好的降解效果，超声频率、声强、饱和气体性质、污染物性质浓度、温度均会影响降解效果。

4. 基于联用的组合技术

无论是预处理技术还是深度处理技术都有其优点和缺点，为了扬长避短，目前往往采用多种技术的联合技术。例如，采用微絮凝—侧向流过滤—超滤工艺、生物接触氧化—臭氧活性炭工艺、活性炭—光催化等应用到微污染水的处理中，对保障饮水水质安全提供强大的保障。

5. 电生物反应器

将电极装置与生物反应器组合起来就构成了所谓电生物反应器。通过对水的电解，阴极提供电子，产生氢，而氢作为电子供体与硝酸盐发生反应，使生化反应速率及去除率得以提高，从而减少了水中硝酸盐的含量。从原理上讲，这种方法除了可以实现反硝化处理外，还可以去除水体中的有机物，但目前对电生物反应器尚处于基础理论和动力学研究阶段，离实际应用还有相当一段距离。

6. 仿生植物净化技术

以重建健康的河流生态系统为基础，用具有很强弹性、韧性和柔性的材料仿照河流生态系统中的沉水植物轮藻设计而成。仿生植物以河道中原有的天然生物菌群作为种源，在填料丝表面经过生物的自然富集形成生物膜，通过微生物的生命活动去除水中的污染物质。

该技术在有效净化微污染水体的同时还具有如下特点：不影响河流的航运和泄洪等功能；不破坏河流生态系统；适合河流复杂多变的水流条件；比表面积大，空隙率高；化学与生物稳定性强，不溶出有害物质；价格便宜，便于安装。

（五）污染地下水修复技术

污染地下水的修复技术包括抽提技术、气提技术、空气吹脱技术、生物修复技术、渗透反应墙（PRB）技术、原位化学修复技术、电化学动力修复技术等。

1. 抽提技术

抽提技术是采用水泵将地下水抽出来，在地面得到合理的净化处理并将处理后的水重新注入地下或排入地表水体。这种处理方式对抽取出来的水中污染物能够进行高效去除，但不能保证全部地下水尤其是岩层中的污染物得到有效去除。

2. 气提技术

气提技术是利用真空泵和井，在受污染区域利用负压诱导或正压产生气流，将吸附态、溶解态或自由相的污染物转变为气相，抽提到地面，然后再进行收集和处理。典型的气提系统，包括抽提井、真空泵、湿度分离装置、气体收集装置、气体净化处理装置和附属设备等。

气提技术的主要优点包括：①能够原位操作，比较简单，对周围干扰小；②有效去除挥发性有机物；③在可接受的成本范围内，能够处理较多的受污染地下水；④系统容易安装和转移；⑤容易与其他技术组合使用。在美国，气提技术几乎已经成为修复受加油站污染的地下水和土层的“标准”技术。气提技术适用于渗透性均质较好的地层。

3. 空气吹脱技术

空气吹脱技术是在一定的压力条件下，将压缩空气注入受污染区域，将溶解在地下水中的挥发性化合物，吸附在土颗粒表面上的化合物，以及阻塞在土壤空隙中的化合物驱赶出来。空气吹脱包括三个过程：①现场空气吹脱；②挥发性有机物的挥发；③有机物的好氧生物降解。相比较而言，吹脱和挥发作用进行较快，而生物降解进程缓慢。在实际应用中，通常将空气吹脱技术与气提技术组合，得到单一技术无法达到的效果。

4.生物修复技术

生物修复技术是利用微生物降解地下水中污染物，并将其最终转化为无机物质的技术，分为原位强化生物修复法和生物反应器法。原位强化生物修复是在污染土壤不被搅动情况下，在原位和易残留部位之间进行处理。这个系统主要是将抽提地下水系统和回注系统（注入空气或H_2O_2、营养物和已驯化的微生物）结合起来，强化有机污染物的生物降解。而生物反应器的处理方法是强化生物修复方法的改进，就是将地下水抽提到地上部分用生物反应器加以处理的过程。近年来，生物反应器的种类得到了较大的发展。连泵式生物反应器、连续循环升流床反应器、泥浆生物反应器等在修复污染的地下水方面已初见成效。

5.渗透反应墙（PRB）技术

渗透反应墙技术是近年来迅速发展的适用于地下水污染的原位修复技术，又称为“活性渗滤墙”。它是在污染物区域下游设置具有高渗透性的活性材料墙体，使得污染羽中的污染物被截留并得到处理，地下水得到净化。美国环保局（UNEP）将PRB定义为一个填充有活性材料的被动反应区，当含有污染物的地下水在天然水力坡度下通过预先设计好的介质时，溶解有机物、金属、核素等污染物能被降解、吸附、沉淀或去除。屏障中含有降解挥发性有机物的还原剂、固定金属的络（螯）合剂、微生物生长繁殖所需的营养物和氧气或其他物质。其中，活性材料选择是PRB修复效果良好与否的关键。活性材料通常要求具有以下特性：①对污染物吸附降解能力强，活性保持时间长；②在天然地下水条件下保持稳定；③墙体变形较小；④抗腐蚀性较好；⑤材料稳定性好，生态安全性良好，不能导致有害副产品进入地下水。

当前，实验室研究的活性材料主要有：用于物理吸附的活性炭、沸石、有机黏土；用于化学吸附的磷酸盐、石灰石、零价铁和生物作用的微生物材料等。目前，最常用的材料为零价铁。

与传统的地下水处理技术相比较，PRB技术是一个无须外加动力的被动系统。特别是，该处理系统的运转在地下进行，不占地面空间，比原来的泵抽取技术要经济、便捷。PRB一旦安装完毕，除某些情况下需要更换墙体反应材料外，几乎不需要其他运行和维护费用。实践表明，与传统的地下水抽出再处理方式相比，该基础操作费用至少节约30%以上。

最新研究成果是将零价纳米铁（NZVI）介质与超声波联用，协同处理地下水中的污染物。协同作用的优势在于NZVI的比表面积大，吸附能力强，能将超声空化产生的微气泡吸附在其表面，强化超声波的空化作用同时超声波产生极强烈的冲击波、微射流，以其振动和搅拌作用去除降解过程中纳米、铁表面形成的钝化层，强化界面间的化学反应和传递过程，促进反应界面的更新。在超声作用下，水体中产生的空化微泡增多，搅拌强度加大，可加快反应物的传递速率和铁表面活化，强化界面上的还原降解反应，提高去除率。

6.原位化学修复技术

原位化学修复技术是利用化学还原剂将污染环境中的污染物质还原从而去除的方法，多用于地下水的污染治理，是目前在欧美等发达国家新兴起来的用于原位去除污染水中有害组分的方法，主要修复地下水中对还原作用敏感的污染物，如铬酸盐、硝酸盐和一些氯代试剂，通常反应区设在污染土壤的下方或污染源附近的含水土层中。根据采用的不同还原剂，化学还原修复法可以分为活泼金属还原法和催化还原法。前者以铁、铝、锌等金属单质为还原剂，后者以氢气及甲酸、甲醇等为还原剂，一般都必须有催化剂存在才能使反应进行。常用的还原剂有SO_2、H_2S气体和零价Fe胶体等。其中零价Fe胶体是很强的还原剂，能够还原硝酸盐为亚硝酸盐、氮气或氨氮。零价Fe胶体能够脱掉很多氯代试剂中的氯离子，并将可迁移的含氧阴离子如CrO_4^{2-}、TcO_4^-及UO_2^{2+}等含氧阳离子转化成难迁移态。零价Fe既可以通过井注射，又可以放置在污染物流经的路线上，或者直接向天然含水土层中注射微米甚至纳米零价Fe胶体。

7.电化学动力修复技术

电化学动力修复技术是利用电动力学原理对土壤及地下水环境进行修复的一种绿色修复新技术，可以用来清除一些有机污染物和重金属离子，具有环境相容性、多功能适用性、高选择性、适于自动化控制、运行费用低等特点。在电动修复过程中，金属和带电荷的离子在电场的作用下发生定向迁移，然后在设定的处理区进行集中处理；同时在电极表面发生电解反应，阳极电解产生氢气和氢氧根离子，阴极电解产生氢离子和氧气，而对于大多数非极性有机污染物，则通过电渗析的方式去除。近年来，电化学动力修复技术越来越多地和其他技术或辅助材料相结合，如超声技术。

参考文献

[1] 杜海燕，夏薇，张晓川.水利工程施工管理技术措施研究[M].北京：现代出版社，2023.10.

[2] 姜靖，于峰，吴振海.现代水利水电工程建设与管理[M].北京：现代出版社，2023.05.

[3] 任海民.水利工程施工管理与组织研究[M].北京：北京工业大学出版社，2023.04.

[4] 宋晓黎.水利工程施工组织与管理[M].郑州：黄河水利出版社，2023.01.

[5] 谷祥先，凌风干，陈高臣.水利工程施工建设与管理[M].长春：吉林科学技术出版社，2023.03.

[6] 李海涛.水利工程建设与管理[M].西安：西北工业大学出版社，2023.03.

[7] 孟宪静.水文水资源现状与可持续发展[M].天津：天津科学技术出版社，2020.06.

[8] 刘江波，臧孟军，张莉莉.水资源水利工程建设[M].长春：吉林科学技术出版社，2020.04.

[9] 李骚，马耀辉，周海君.水文与水资源管理[M].长春：吉林科学技术出版社，2020.11.

[10] 蔡光明，胡琳琳，张龙.水利工程管理与技术应用研究[M].汕头：汕头大学出版社，2023.02.

[11] 王光纶.水工程水资源认识研究[M].北京：科学出版社，2019.10.

[12] 翟春雷，慕成，郑凯.现代水文水资源研究[M].哈尔滨：哈尔滨地图出版社，2019.01.

[13] 陈卫芳，张雨，张冬.黄河水文水资源综合管理实践研究[M].天津：天津科学

技术出版社，2021.10.

[14] 王永党，李传磊，付贵.水文水资源科技与管理研究[M].汕头：汕头大学出版社，2018.04.

[15] 达瓦次仁，江玉吉，杨溯.水文水资源科技与管理研究[M].长春：吉林科学技术出版社，2022.08.

[16] 陈秋常，彭亮，汪科平.水利水电工程与水文水资源利用[M].天津：天津科学技术出版社，2018.04.

[17] 马小斌，刘芳芳，郑艳军.水利水电工程与水文水资源开发利用研究[M].北京：中国华侨出版社，2021.09.

[18] 杨静，薛冰，邵丽盼・卡尔江.水文水资源利用与管理研究[M].哈尔滨：哈尔滨出版社，2023.01.

[19] 张燕明.水利工程施工与安全管理研究[M].长春：吉林科学技术出版社，2021.06.

[20] 曹刚，刘应雷，刘斌.现代水利工程施工与管理研究[M].长春：吉林科学技术出版社，2021.

[21] 巴丽敏.现代水利工程管理与环境发展探索[M].长春：吉林科学技术出版社，2023.03.

[22] 魏永强.现代水利工程项目管理[M].长春：吉林科学技术出版社，2021.06.

[23] 贺志贞，黄建明.水利工程建设与项目管理新探[M].长春：吉林科学技术出版社，2021.

[24] 张长忠，邓会杰，李强.水利工程建设与水利工程管理研究[M].长春：吉林科学技术出版社，2021.

[25] 张晓涛，高国芳，陈道宇.水利工程与施工管理应用实践[M].长春：吉林科学技术出版社，2022.08.

[26] 赵黎霞，许晓春，黄辉.水利工程与施工管理研究[M].长春：吉林科学技术出版社，2022.08.

[27] 褚峰，刘罡，傅正.水文与水利工程运行管理研究[M].长春：吉林科学技术出版社，2022.08.

[28] 田茂志，周红霞，于树霞.水利工程施工技术与管理研究[M].长春：吉林科学技术出版社，2022.08.

[29] 陈功磊，张蕾，王善慈.水利工程运行安全管理[M].长春：吉林科学技术出版社，2022.04.

[30] 常宏伟，王德利，袁云.水利工程管理现代化及发展战略[M].长春：吉林科学技术出版社，2022.01.

[31] 潘晓坤，宋辉，于鹏坤.水利工程管理与水资源建设[M].长春：吉林人民出版社，2022.05.

[32] 付志国，高青春，刘姝芳.水利工程管理创新与水资源利用[M].长春：吉林科学技术出版社，2023.03.